J=P. Buch'oz.

Avantages

qu'on peut tirer des plantes.

AVANTAGES

QU'ON PEUT TIRER DES PLANTES,

MÊME LES PLUS SUSPECTES,

Pourvu qu'on les emploie avec précaution, pour guérir
les maladies les plus incurables :

Telles que de la Belladone et du Phytolaca, pour guérir les
cancers ; de la Digitale purpurine, pour l'hydropisie et les
squires, de l'Ellébore, pour guérir pareillement l'hydropisie et la manie ; du Toxicodendron, pour les dartres
et la paralysie des parties inférieures ; de l'Agaric délicieux et poivré, pour la phytisie tuberculeuse et la
vomique ; de l'Agaric à mouche, pour les convulsions et
tremblement des jointures ; de la Clématite vulgaire,
pour les affections rhumatismales opiniâtres et épileptiques, de l'If, pour la fièvre et l'épilepsie ; de l'Oënanthe
commun, pour les éruptions cutanées ; du Lobel des
marais, pour la fièvre, et de l'huile de *Palma Christi*,
pour purger.

Par J. P. BUC'HOZ, docteur-médecin et naturaliste.

À PARIS,

Aux frais de la dame BUC'HOZ, épouse de l'Auteur,
rue de l'Ecole-de-Médecine, n.° 20 ; et passé le 15
octobre, rue de Bièvre, n.° 32.

1806.

A l'Humanité souffrante et aux moyens de remédier à ses maladies.

Cet Opuscule fait suite à cinq Dissertations faisant partie du règne végétal, tels que les *Traitemens efficaces*, les *Guérisons expérimentées*, la *Méthode pour traiter*, etc., les *Moyens pour rendre fécondes*, etc., l'*Histoire naturelle du Thé de la Chine*, et à deux autres concernant le Genre-Humain et la Médecine, dont l'une est l'*Art de connaître le pouls par la musique*, et l'autre est intitulée, *Remèdes éprouvés contre la Teigne*, etc., en tout huit Opuscules jusqu'à ce jour pour les maladies.

AVIS.

Rien n'a été créé en vain sur la surface du globe ; le plantes les plus
suspectes deviennent de vrais remèdes pour guérir les maladies les plus
invétérés. Storck, un des premiers Médecins de l'univers, en a employé
de six espèces différentes, pour guérir des maladies qui avoient résisté à
toutes sortes de remèdes. Ces plantes sont vraiement héroïques. Nous les
ferons connaître dans un de nos Opuscules ; elles méritent bien de rapp-
p-ler leurs vertus à nos lecteurs ; mais toutes ces plantes doivent être
employées avec précautions ; elles ne deviennent, de poisons qu'elles
sont, de grands remèdes, qu'entre les mains de grands médecins : on ne
doit donc les employer qu'avec beaucoup de circonspection. Cet Opuscule fait suite à sept de nos autres Opuscules destinés aux traitemens
des maladies.

Dans le premier que nous avons publié sur les plantes médecinales,
et qui a pour titre, *Méthode pour traiter les différentes maladies, même les
plus rebelles*, nous indiquons la méthode de guérir ces maladies par des
remèdes différentes fois expérimentés ; tels que la phtysie pulmonaire,
par l'usage des fumigations humides et végétales ; l'asthme même le plus
invétéré, par une infusion de plantes ; les maladies de matrice, par des
fumigations sèches ; l'incontinence d'urine, par une tisane astringente ;
les plaies, ulcères et blessures, par une eau vulnéraire simple.

Dans notre second Opuscule, qui a pour titre, *Traitemens efficaces*. Nous
donnons la manière de traiter les convulsions et affections vaporeuses, par
la décoction et la poudre des feuilles d'oranger; le scorbut et autres maladies de pareille nature, par les bourgeons de sapins, de pins, d'eau de
goudron et le trefle aquatique ; les maladies vénériennes, par différentes
espèces de végétaux ; la rage, par le vinaigre ordinaire, et la manie par
le vinaigre distillé ; les hémorragies et les chutes, par l'arnica, l'herbe
à Robert ; l'hydropisie, par une clairette purgative ; la galle, par la
dentelaire ; les croûtes laiteuses et autres, par la violette-pensée.

Dans notre troisième Opuscule, intitulé, *Guérisons expérimentées*,
nous rapportons la manière de guérir les vers, même le solitaire, par la
Spigelia-Anthelmia, l'œillet d'Inde, le *Semen contra*, la cévadille, la
coralline-limitocherton, et autres plantes ; la gravelle et la colique né-
prétique, par l'acmelle, la doradille, la boussero et le cresson de roche
et autres plantes; les dartres et autres maladies de la peau, par la douce-
amère, l'orme pyramidal ; le cancer, le charbon et la gangrène, par
l'illécébra ; les ulcères, par les carottes, et l'épanchement de lait par la
bruyère. Nous faisons suivre ces traitemens d'une liste d'espèces de plantes théiformes, propres à guérir plusieurs maladies.

Le quatrième n'est pas moins curieux, il est intitulé, *Moyens de rendre fécondes*. Dans cet Opuscule, nous développons les moyens de rendre fécondes les femmes stériles, par le suc et les beignets de la clandestine; de réparer les forces épuisées dans les maladies de langueur, par le sagou et le salep; de guérir les mouvemens spasmodiques, les convulsions, l'épilepsie, même le tetanos, par les fleurs de narcisse et de cresson des prés; la pleurésie et la phtisie, par le polygala; le marasme et la fièvre mésentérique, par le capillaire; les rhumatismes et la goutte, par le moxa des Chinois et le remède des Caraïbes; la jaunisse, par le petit bouillon blanc; la dyssenterie, par la brucée; les hémorragies par l'agaric de chêne; les écrouelles et toutes sortes d'ulcères putrides, de même que les brûlures, par les feuilles et les fleurs de troesne, auquel on a joint un remède de famille pour l'épilepsie et des observations sur l'arnica.

Le cinquième est l'*Histoire naturelle du thé de la Chine*. On donne des feuilles de cette plante en infusion, comme excellentes dans les indigestions et les transp.rations supprimées. On rapporte un nombre de notices sur les plantes tant exotiques et indigènes qui peuvent remplacer cette substance végétale; on y a joint un petit mémoire sur le cachou, reconnu comme stomachique et antiscoptique, et sur le ginseng, le panacée des Chinois, dans la plupart de leurs maladies.

Le sixième, qui est le premier Opuscule de ce qui concerne le genre humain, a pour titre, l'*Art de connaître et de désigner le pouls par la musique*. Nous y démontrons l'utilité de la musique pour guérir la mélancolie, le tarentisme et les maladies nerveuses; et nous prouvons, par 90 observations, l'efficacité de la musique, non seulement sur le corps, mais encore sur l'âme, dans l'état de santé comme dans celui de maladie.

Dans le septième, intitulé, *Remèdes expérimentés avec succès contre la teigne*, et qui est le second Opuscule de la Médecine, nous rapportons les remèdes expérimentés contre la teigne, le scorbut, dont nous avons déjà parlé précédemment; les vers dont il a aussi été fait mention; les fleurs-blanches des femmes et les pâles-couleurs; les inflammations des yeux, les maux de tête, les maladies vénériennes, la stérilité, les hernies, les moyens de purifier la masse du sang et de se purger à peu de frais; nous y joignons une consultation en forme de traitement contre l'épilepsie.

Le huitième Opuscule est celui dont il s'agit ici, il traite de toutes les maladies indiquées dans le titre. Dans cet Opuscule, de même que dans les précédens, nous ne négligeons rien pour procurer des remèdes à l'humanité souffrante; depuis 60 ans, nous nous y sommes continuellement appliqués, et nous espérons de le faire jusqu'à la mort, à moins que des circonstances insurmontables ne s'y opposent, nous ferons voir jusqu'aux derniers momens l'attachement que nous avons pour notre patrie, quoique des envieux, qui occupent toutes les places, aient fait tous leurs efforts pour nous en éloigner. Cependant ils ne peuvent pas nous ôter le mérite du travail, qu'ils négligent pour la plupart.

MÉMOIRE

SUR

LA BELLADONE,

Propre à guérir les Cancers.

La Belladone, *Atropa Belladona*, est une plante délétère, dont il est résulté souvent de grands accidens ; on a découvert néanmoins, dans le siècle dernier, que cette plante prise en petite dose, en infusion, est très-propre à guérir le virus cancéreux, lever les obstructions des glandes tuméfiées, et à déterger les ulcères carcinomateux. Alberti, Gataker, Bronfeld père, Lambergen, ont fait, à ce sujet, différentes observations qui leur ont réussi. M. Andry, médecin de la faculté, a soutenu une thèse très-savante sur cette découverte; on trouvera, dans le journal de médecine du mois de mai 1757, une des observations de Lambergen, médecin à Gottingue ; il rapporte avoir guéri un cancer ulcéré à la mamelle, par l'infusion des feuilles sèches de Belladone ; il faisait infuser un scrupule de ces feuilles dans deux tasses d'eau, et prescrivait une tasse de cette infusion à la malade, qui n'éprouva qu'un peu de vertiges pendant quelque temps, et de la sécheresse à la bouche ; ce traitement dura 17 mois, et la malade ayant pris en tout 6 gros de Belladone, se trouva guérie. Junckeu, bien antérieurement aux médecins auxquels on rapporte cette découverte, assure avoir vu de bons effets de l'usage des feuilles de la Belladone, données en très-petite dose dans les cancers qui paraissaient incurables.

A

On trouve dans la Gazette Salutaire de 1781 , une observation de Mortane , sur la guérison d'un cancer à la mamelle , par l'usage de la Belladone , avec une nouvelle forme de préparer ce remède ; nous en avons nous-même fait faire usage à une dame de Clermont-Ferrand ; elle était venue à Paris pour se faire traiter d'un squirre à la matrice , après avoir consulté tous les médecins de cette capitale sans aucune espérance de guérison , elle vint me consulter ; je lui prescrivis en injection dans la matrice , la décoction des feuilles de Belladone et de guimauve. Cette injection lui fit des merveilles ; elle a encore vécu un nombre d'années , se portant bien , après l'usage de ce remède ; mais il lui arriva un accident pendant ce temps : cette dame se trouvant très-bien de ces injections , s'avisa , de son chef , de prendre la décoction de ces plantes en lavemens , mais elle fut attaqué à l'instant des mêmes symptômes délétères qui surviennent après l'usage de cette plante , je lui portai mes soins , et après l'usage des antidotes qu'on emploie dans pareils cas elle se trouva guérie de cet accident. Cela ne m'empêcha pas de lui recontinuer l'usage des injections , qui opérèrent chez elle des merveilles.

Grew , qui connaissait le danger des baies de Belladone , dit néanmoins que leur suc exprimé et réduit à la consistance de sirop , avec un peu de sucre , est efficace , à la dose d'une petite cuillerée , pour faire dormir , arrêter les fluxions , calmer les douleurs et faire cesser les dyssenteries. Un ministre de Juttand , province des Dammarais , en faisait prendre l'infusion à ceux qui étaient attaqués de la dyssenterie , maladie fort rebelle dans ces pays. Malgré ces autorités , nous pensons qu'il est plus prudent de retrancher les baies de Belladone de la classe des médicamens , que de les employer dans les maladies indiquées ci-dessus , avec d'autant plus de raison , qu'elles causent souvent un plus grand danger que la maladie elle-même : à l'égard de l'usage intérieur des feuilles , qu'il faut employer beaucoup de précautions de la part du médecin qui les ordonne. On emploie à l'extérieur, avec toute assurance, ces mêmes feuilles ; elles sont adoucissantes et résolutives ; on en fait, comme avec celles de la morelle ordinaire, des cataplasmes qu'on applique sur les hémorroïdes et sur les cancers. On les peut faire bouillir avec le saindoux, en employer leur suc avec autant d'esprit-de-vin, pour les tumeurs des mamelles ; on fait chauffer les feuilles sur les cendres chaudes, et on les applique sur le mal. Ray estime cette plante utile contre les ulcères carcinomateux et les durillons des mamelles.

Dans un de nos opuscules, destiné aux plantes vénéneuses, nous parlerons des qualités délétères de la Belladone ; et des antidotes qu'on peut employer.

____

Propriétés du *Phytolaca* contre le *Cancer*.

Le docteur Solander, si célèbre par ses voyages, ses connaissances et sa véracité, a découvert et publié que le jus des baies de cette plante était un remède spécifique contre le cancer, mal affreux, qui mène si tristement au tombeau. Cette plante se nomme en botanique *phytolaca decandra* ; ses baies sont grosses comme des pois, la peau en est noire, elle contient un suc cramoisi ; c'est ce suc évaporé au soleil, en consistance d'extrait, qu'on emploie contre le cancer.

On se sert aussi de ces baies pour se procurer une belle couleur écarlatte. M. Macquer a imaginé un mordant pour fixer cette couleur.

On cultive, depuis plusieurs années, cette plante en France, mais elle n'est indigène dans aucun département, quoiqu'un auteur moderne l'ait osé avancer ; il est vrai qu'en coupant sa tige en automne, elle repousse quelquefois au printemps de nouvelles tiges, suivant M. Mamiot, mais il faut un hiver doux. Voici comme cette plante se cultive ; on la sème sur couche ; quand les jeunes plants qui en pro

viennent sont parvenues à un degré de force convenable, on les transplante à demeure à deux pieds
de distance les uns des autres, on les place à l'exposition du midi et à l'abri du nord de tous les côtés,
on les fait sarcler, bêcher et arroser suffisamment
dans le cours de l'été ; elles profitent pour lors considérablement, mais les moindres petites fraîcheurs
de l'automne empêchent la maturité des baies, les
premières gelées font faner cette plante, la flétris-
sent et la dessèchent ; il n'est pas moyen de remédier à ce mal, on perd pour lors tout le fruit de la
récolte, et on ne peut se procurer aucune graine
propre à renouveler l'espèce. Dans les annales de la
Suisse, la vertu anticancéreuse de cette plante est
confirmée, on y rapporte plusieurs cancers guéris
par son moyen, tant prise intérieurement qu'appliquée extérieurement ; elle est surtout excellente contre les ulcères cancéreux ; son suc est corrosif ; aussi
un demi-gros de ce suc excite le vomissement, quoique doucement, on l'emploie pour ronger les ex-
croissances fongueuses des cancers.

Amaranthe Baccifer propre à guérir le cancer.

On a employé dans la Nouvelle-Amérique, contre cette cruelle maladie des glandes, une certaine
espèce d'Amaranthe, nommée en latin *Amaranthus
Baccifer*. Dans cette partie du monde où cette plante
croît naturellement, on la mange étant encore tendre;
mais quand elle est vieille, son suc devient âcre et
corrosif. Ce même suc, exprimé et exposé au soleil,
acquiert la consistance d'un onguent, qu'on applique
sur la partie attaquée ; les grandes douleurs qui suivent l'application de cet onguent, dans les premières
heures, n'empêchent pas qu'un usage réitéré ne
guérisse entièrement ce mal. On a guéri avec ce remède, dans l'espace de deux mois, un ulcère cancéreux au visage, et en six mois, un cancer au sein.
Cette plante pourrait bien être le Phytolaca.

Dissertation sur la Digitale purpurine, et sur les propriétés médicinales de cette plante, principalement sur celle qu'on lui a découvert depuis peu, pour guérir l'hydropisie et les squirres.

La Digitale, nommée par Césalpin verge d'or, *virga aurea*, et en idiôme allemand, *aralda*, a pour caractère générique d'avoir le périanthe du calice partagé en quatre pièces, ou feuilles rondes, aiguës, persistantes, dont la supérieure est plus étroite que les autres. Sa corolle est monopétale, campanulée, ayant le tube grand, s'ouvrant, ventrue par derrière ; la base est cilindrique, serrée, le lymbe petit, fendu en quatre, le lobe supérieur plus ouvert, l'inférieur plus grand ; les filamens des étamines sont au nombre de quatre, en forme d'alêne, insérés à la base de la corolle, inclinés, dont deux plus longs, les anthères partagées en deux, pointues ; le germe est pointu, le style est simple, dans la même position que les étamines, le stygmate aigu, la capsule du péricarpe est ovale, de la longueur du calice, pointue, à deux loges, et à deux valves dont les valves se rompent en deux ; les semences sont nombreuses, petites ; il se trouve des espèces dans lesquelles les découpures des corolles sont aiguës, plus apparentes : les lèvres supérieures et inférieures, aiguës et plus élevées.

Ce genre fait partie de la quatrième classe de Linnée, destinée aux plantes didynamiques angiospermiques. Cet auteur en admet plusieurs espèces, nous ne parlerons ici que de la purpurine connue aussi sous le nom de gants de Notre-Dame, *Digitalis purpurea*. Sa racine est en forme de navet, avec des radicules latérales, fibreuses, sa tige est haute d'une coudée au plus, anguleuse, velue, rougeâtre, creuse ; ses feuilles sont ovales, aiguës »

rudes, les radicules sont portées par de longs pétioles ; ses fleurs sont rangées par un côté de la tige,
pendantes, portées par de courts pédicules, à l'ori-
gine desquels on trouve des feuilles florales ; elles
sont monopétales, irrégulières, campanulées ; leur
tube est large et renflé au dehors, le limbe court,
découpé en quatre parties, imitant la forme des lèvres par sa position supérieure qui est entière, et
par l'inférieure. La corolle de la fleur est de couleur
pourpre, avec des taches blanches et des poils dans
l'intérieur ; son fruit a une capsule arrondie, terminée en pointe, divisée en deux loges ; ses semences
sont menues, presque anguleuses.

Cette espèce est représentée dans notre *grande Collection naturelle et économique des trois règnes,
part. des planches ;* elle est bisannuelle, elle croît
dans la partie méridionale de l'Europe ; ou en trouve
en Provence, sur les montagnes du Lyonnais, auprès de la Ferté, sur la route de Montmirail, dans
la Brie ; auprès de Saulieu dans la Bourgogne, aux
environs de Nantes en Bretagne, sur tous les che-
mins et dans les champs ; à l'Esperou auprès de
Montpellier, aux environs d'Étampes, dans les col-
lines de Rousset, dans les bois de Barres, dans ceux
de Torsou, et entre les rochers de Brissy-sous-St.-
Yon : elle est aussi commune dans le Chaumontais
et dans la Sologne, généralité d'Orléans ; on en voit
beaucoup le long de la chaussée, sur les routes de
Saumur ; on en trouve encore dans le Bas-Poitou,
autour de Réaumur, et dans la Normandie, aux
environs d'Aigle, dans le Mont-d'Or en Auvergne,
dans les montagnes des Vosges, auprès de Rémire-
mont, sur le mont Rosberg près St.Tamarin, dans
les taillis, à Meudon, à Versailles, à St.-Cyr et à
Montmorency. Cette plante fleurit en juin, ses semences sont mûres en automne : si on les laisse tomber d'elles-mêmes, elles lèvent au printemps, et deviennent une mauvaise herbe très-préjudiciable.
Lorsqu'on veut cultiver cette plante, on sème les
graines en automne ; celles qu'on sème au printemps

réussissent rarement, et sont pour le moins un an dans la terre avant de germer.

Les feuilles de la digitale sont amères, elles contiennent un sel essentiel, austère, ammoniacal, uni avec beaucoup d'huile. J. Ray prétend que la fleur de digitale est émétique. Dodonée dit que quelques personnes, pour avoir mangé de cette plante, mêlée avec d'autres et des œufs dans des gâteaux, avaient vomi. Lebel rapporte que les pauvres de Sommerset en Angleterre prennent de cette herbe en guise de vomitif, lorsqu'ils ont la fièvre. Parkinson lui attribue une vertu anti-épileptique, et la prescrit à la dose de deux poignées, avec quatre onces de polypode de chêne, bouillies dans une suffisante quantité de bierre ; on fait boire deux fois la semaine aux épileptiques cette décoction. Plusieurs ont été guéris par l'usage de ce spécifique ; mais suivant lui, il faut que ceux qui usent de ce remède soient extrêmement robustes. Si on en croit aussi Parkinson, la Digitale pilée et appliquée, ou son suc mêlé avec un onguent, guérit les tumeurs scrophuleuses. J. Ray dit aussi que plusieurs personnes ont beaucoup de confiance dans la Digitale pour guérir cette maladie ; quelques personnes mettent à volonté de ces fleurs dans du beurre fait au mois de mai, et ils l'exposent au soleil pendant l'été ; d'autres les mêlent avec du saindoux et les enfouissent dans la terre pendant quatre jours : les uns et les autres laissent les fleurs dans l'onguent, qu'ils étendent sur du linge et qu'ils appliquent sur les tumeurs. Ils disent qu'ils ont éprouvé que ce remède suffit pour dissiper et faire mûrir les tumeurs, et pour déterger et cicatriser les ulcères, ils se purgent en même-temps tous les cinq jours avec le diachartame, et ils font boire de la décoction de l'herbe à volonté ; on frotte la partie rouge de l'ulcère avec la partie la plus fine de l'onguent, et on étend sur un linge la partie la plus grossière, que l'on ne change jamais. Il y a des personnes qui prennent les jeunes pousses de cette plante, en expriment le suc, et le font bouillir dans du beurre jusqu'à ce qu'il soit tari ; ils remettent deux ou trois fois du nouveau suc et le font bouillir de même. Il faut observer, 1°. qu'on doit préparer une suffisante quantité d'onguent, dans le temps qu'on peut avoir des fleurs, car quelquefois une année, et même davantage ne suffit pas pour guérir entièrement ; 2°. Il ne faut pas craindre, quoique les ulcères deviennent plus grands, car cet onguent, après avoir desséché et consommé toutes les tumeurs, les guérira et les cicatrisera ; 3°. Cet onguent est utile dans les écrouelles humides et dont il découle du pus, il est peu utile dans celles qui sont sèches ; mais il faut avoir recours au basilicum et au précipité. Il y a un ancien proverbe en Italie, qui dit que la Digitale guérit toutes les plaies.

Dans l'Histoire de l'Académie des Sciences, en 1748, on rapporte une histoire qui prouve combien la Digitale est dangereuse à la volaille. Salerne, médecin à Orléans, et correspondant de cette académie, ayant appris que plusieurs dindonneaux étaient morts pour avoir mangé de la Digitale à fleurs rouges, qu'on leur avait donné par erreur pour du bouillon blanc, voulut s'assurer de ce qu'il en était ; il fit donner, pour cet effet, de ces mêmes feuilles à un gros dindon : quoique cet animal fût fort et vigoureux, que la plante eût peu de vertu, tant parce que les feuilles étaient cueillies depuis sept à huit jours, que parce que l'expérience avait été faite en hiver, et qu'il n'en avait mangé qu'une seule fois, il en fut néanmoins si malade qu'il ne pouvait se tenir sur ses pattes ; il paraissait ivre et rendait des excrémens rougeâtres. Huit jours de bonne nourriture suffirent à peine pour le rétablir. Salerne jugeant à propos de faire une seconde expérience, et de la pousser plus loin, donna, au mois de décembre, des feuilles de la même plante hachées, mêlées avec du son de froment, à un coq-d'inde vigoureux, pesant sept livres ; dès qu'il en eut mangé il parut triste et mélancolique ; ses plumes se hérissèrent, et son cou devint pâle et retiré ;

cependant il en mangea encore pendant quatre jours, et en consuma une demi-poignée, qui avait été cueillie depuis environ huit jours, et dans une saison très-avancée. Dès la première fois on remarqua que les excrémens, naturellement verts et bien liés, étaient devenus rougeâtres et liquides, comme s'il eut été attaqué de la dyssenterie ; l'animal n'a plus voulu absolument manger de cette pâte qui lui avait été si nuisible. On fut obligé de lui donner du son délayé avec de l'eau, mais il n'en continua pas moins d'être triste et dégoûté ; il lui prenait de temps en temps des convulsions si vives, qu'il se laissait tomber ; lorsqu'il s'était relevé, il marchait comme s'il eût été ivre : quoiqu'il eut de quoi se percher, il se tenait toujours à terre ; il poussait presque sans cesse des cris plaintifs ; il refusait tous les alimens, même l'orge et l'avoine, dont ces animaux sont très-friands ; au bout de cinq ou six jours, les excrémens devinrent blancs comme de la chaux nouvellement éteinte, puis jaunes, verdâtres et noirâtres. Enfin, le dix-huitième jour de l'expérience, il mourut dans une maigreur si grande, que de sept livres qu'il pesait avant qu'il commençât à prendre cette nourriture, il était réduit à 3 : on l'ouvrit, et on trouva le cœur, les poumons, le foie, et la vésicule du fiel flétris ; l'estomac avait son velouté, mais il était absolument vide. Au moment qu'on l'ouvrit, il rendit par le bec et par l'anus une matière verte et liquide, semblable à de la lie d'huile d'olive. Cette matière était plus épaisse dans le gosier et les intestins. On voit, par cette expérience, le dérangement que l'usage de cette plante peut causer dans les organes des animaux, et combien on doit être attentif à la détruire dans les endroits où on les élève.

Schieman, dans une thèse qu'il a soutenue sur la Digitale purpurine, rapporte des expériences qu'il a faites sur des chiens, des petits chats et de la volaille, auxquels il a donné à manger de cette plante, et qui en sont tous péris ; mais il est inutile de s'y arrêter ici : nous invitons nos lecteurs à jeter les yeux sur cette Dissertation, on sera de plus en plus convaincu des qualités délétères de cette plante. Cependant, malgré ces qualités délétères, le docteur Withering a découvert, dans la Digitale pourprée, des effets diurétiques, qui lui méritent une place dans la matière médicale : il ne faut pas la donner à une dose capable d'exciter des nausées terribles, qui sont un effet inséparable de l'activité des narcotiques.

On cueille les feuilles de la Digitale, dans l'instant que l'épi des fleurs commence à s'ouvrir, on rejette toutes les côtes, et après les avoir fait sécher, on les réduit en poudre ; la dose, pour les adultes, est depuis un grain jusqu'à trois en substance ; mais quand on préfère la forme liquide, on fait infuser un gros de ces feuilles dans une demi-pinte d'eau bouillante, et après avoir filtré, on y ajoute une once de quelqu'eau spiritueuse : on donne de cette infusion une once par dose à un adulte, deux fois par jour, pour dose moyenne. La Digitale administrée à forte dose rapprochée, cause des nausées, des vomissemens, des selles, des vertiges, des éblouissemens, fait voir les objets jaunes et verts, augmente la secrétion de l'urine, et excite à en rendre souvent ; elle occasionne même une espèce d'incontinence, le pouls diminue de fréquence, au point de ne battre pas trente-cinq fois par minute, il survient des sueurs froides, des convulsions, des syncopes, et enfin la mort.

Donnée avec ménagement, elle produit la plupart de ces effets à un degré inférieur : une chose singulière, c'est que les effets qu'opère une certaine dose de ce remède, ne commencent que quelques heures après qu'on l'a administré, qu'ils sont souvent précédés, accompagnés et suivis d'un flux d'urine qui se soutient même quelques jours, et les dissipe fréquemment. Les malaises qu'elle excite diffèrent encore des suites des substances nuisibles, en ce qu'ils fatiguent par reprises, qu'ils cessent dans un temps et reprennent dans un autre, avec la même violence qu'auparavant, et qu'ainsi ils tourmentent par intervalles, pendant trois ou quatre jours consécutifs.

On doit éviter ces fâcheux effets en donnant la Digitale ; les doses indiquéesci-dessus ne tracassent que peu ou point, et réveillent même l'appétit du malade.

Qu'on l'administre donc, dit le docteur Withering, aux doses et aux intervalles prescrits, qu'on la continue jusqu'à ce qu'elle agisse sur les reins, l'estomac, le pouls et les intestins ; qu'on s'arrête dès qu'on s'appercevra de quelques-uns de ses effets: pour lors le malade ne souffrira pas de son usage, et le médecin sera content de ses effets ; mais quand elle purge, elle réussit rarement. On enjoindra aux malades de boire abondamment pendant qu'elle agit ; ils peuvent choisir telle boisson qui leur sera la plus agréable et contenter absolument leur soif.

Il est à observer, ajoute le docteur Withering, que la Digitale réussit rarement chez les personnes d'un tempérament très-robuste, qui ont les fibres tendues, une complexion fleurie, ou chez celles qui ont le pouls serré et tendu. Si le ventre, dans l'ascite, est tendu, dur et circonscrit, et si l'enflure dans l'anasarque est ferme et rémittente, il reste peu d'espérance : au contraire, si le pouls est faible et intermittent, l'air pâle, les lèvres livides, la peau froide, le ventre mou ; s'il y a fluctuation, que la peau des extrémités reçoive l'empreinte du doigt et la garde un certain temps, on peut espérer que la Digitale produira d'une manière douce ses effets diurétiques.

Dans les cas qui résistent à toutes les tentatives de guérison, le docteur Withering a essayé d'opérer un changement dans les constitutions des malades, pour opérer un succès plus heureux de la Digitale ; il a réussi, quoiqu'imparfaitement, dans ses vues, par le moyen de la saignée, de l'usage des sels neutres, des chrystaux de tartre, de la scille, et des purgatifs donnés à propos. Après la saignée, rien n'abbat si parfaitement le ton des fibres que la scille, par conséquent, il convient d'employer cette racine ou ses préparations , toutes les fois qu'il s'agira de diminuer le ton des fibres , et si elles n'opèrent point de guérison , elles serviront à disposer le corps pour l'usage de la Digitale.

Le docteur Withering rapporte, dans une dissertation particulière qu'il a publiée sur la Digitale , différentes observations des succès obtenus dans l'hydropisie , par le moyen de cette plante , tant par lui-même que par ses correspondans. Le docteur Brandis a fait part au docteur Schieman des bons effets qu'il a remarqué dans la Digitale , pour la guérison de l'hydropisie. Ces observations se trouvent rapportées tout au long à la suite de la dissertation que le docteur Schieman a publiée. Petit , ancien médecin de la famille d'Orléans , nous a aussi assuré avoir guéri trois hydropiques par l'usage qu'il leur a prescrit de la Digitale; cependant, malgré ces différentes observations et plusieurs autres , il n'est pas moins vrai de dire, et la justice en demande l'aveu, que ce médicament a échoué plus souvent qu'on n'aurait dû le soupçonner raisonnablement ; parmi les principales observations de non succès , on peut classer les huit cas funestes exposés par le docteur Letsom dans les *Mémoires de médecine* imprimés à Londres ; mais le docteur Withering tâche , dans une lettre qu'il a publié depuis , de préconiser de plus en plus les bons effets de la Digitale pourprée.

Anciennement , on prescrivait la Digitale dans la phtysie pulmonaire , mais actuellement on est bien revenu de ce remède , puisqu'on n'en remarque aucun bon effet ; sans doute que la phtisie était anciennement plus aisée à guérir qu'elle ne l'est aujourd'hui.

Le conseiller aulique Meyer , résidant à Prague , dit avoir éprouvé l'efficacité de la Digitale purpurine dans les duretés squirreuses : une pauvre femme âgée de trente-quatre ans , portait , dit Meyer, depuis deux ans , diverses grosseurs squirreuses , non-seulement au sein , mais encore au cou ; la parotide surtout était grossie et endurcie au point qu'elle gê-

naît considérablement la mastication. La malade
avait essayé infructueusement divers remèdes, tels
que la ciguë, la belladone, l'eau de chaux, le sucre,
les mercuriaux. Le mal augmentait tous les jours ;
il se forma même des obstructions internes, l'amai-
grissement devint extrême, les règles se supprimèrent, il survint à l'ésophage des nodosités qui ren-
daient la déglutition pénible, il parut des taches
brunes à la peau.

Dans cet état de choses, j'ordonnai à la malade une
cuillerée de jus exprimé de toute la plante de la Digitale pourprée, délayée dans une pinte d'eau,
qu'elle boirait, à différentes fois, dans le courant
de la matinée. La malade n'avait pas encore avalé la
moitié de la dose, que les nausées et les vomissemens
commencèrent ; dès qu'elle eut pris la totalité, elle
vomit quatre fois copieusement, et souffrit des douleurs de crampes, auxquelles elle était assez sujette.
Elle vomit beaucoup de glaires et un peu d'a-
limens.

Une lipothymie qui survint, fut suivie d'une diarrhée violente qui dura jusqu'au lendemain ; la malade rendit par les selles une très-grande quantité de
matières grisâtres qui avaient la consistance d'une
bouillie, et beaucoup de conformité avec les excrémens des malades attaqués de la jaunisse.

Je diminuai pour lors la dose, et ne fis prendre
qu'un quart de cuillerée du même jus; par ce moyen
la malade alla tous les jours jusqu'à dix selles sans
vomir au-delà d'une fois. Au bout de dix-huit jours
de l'usage de ce médicament, les excrémens devinrent naturels, les grosseurs et les duretés squirreuses
disparurent à vue d'œil, la déglutition et la mastication recouvrèrent la liberté de leur jeu ; la malade
alla habiter la campagne, et depuis quelque temps,
elle a fait dire qu'elle était parfaitement guérie.

J'ai essayé, dit-il, le même remède contre des
jaunisses opiniâtres : je mêlai une once de jus de
Digitale avec six onces d'eau distillée de *pulsatilla
nigricans*, et un peu de sirop ; on prend de ce mé-

lange deux cuillérées toutes les deux heures. Les premiers effets sont, pour l'ordinaire, un vomissement léger, qui est bientôt suivi d'évacuations abondantes par en bas, et d'une diminution marquée dans la maladie.

La Digitale fait un bel effet dans les parterres, à cause de la beauté de ses fleurs, aussi l'y cultive-t-on pour l'ordinaire.

Dissertation sur l'Ellébore, ses différentes espèces, ses propriétés médicinales, sur les pilules toniques du docteur Bacher et l'oximel du chirurgien Magés, dont l'Ellébore est la base.

L'ellébore est connue sous les noms d'*Helleborus, Latin, Helleborus, Cemeles, Cuiranis, Cestomon, Elaphne, Melanarizon, Melampodion, Protion, Diosc.*, etc. Son caractère générique est de n'avoir aucun calice, à moins qu'on ne prenne pour tel la corolle qui subsiste dans certaines espèces; les pétales de la corolle sont au nombre de cinq ronds, obtus, grands, les nectaires sont nombreux, très-courts, disposés en rond, monophylles, tubulés, inférieurement plus étroits, ayant leur bouche à deux lèvres, droite, échancrée, la lèvre inférieure est plus courte, les filamens des étamines sont nombreux, en forme d'alêne, les stygmates sont un peu plus gros, les péricarpes sont des capsules applaties à deux carènes, dont l'inférieure est plus courte, la supérieure est convexe, s'ouvre, les semences sont nombreuses, rondes, attachées à la suture. Ce genre de plantes fait partie de la sixième classe de Tournefort, qui renferme les plantes à fleurs de rose, et de la troisième du chevalier de Linné, destinée aux plantes polyandriques, polyginiques; on en distingue cinq espèces.

La première espèce est l'Ellébore d'hyver, *Hel-*

leborus hyemalis. La hampe de cette espèce est très-simple, à peine longue d'un pouce, monophylle, ayant la feuille horizontale, terminale ; la fleur est solitaire, terminale, sessile, élevée, jaune. Cette plante est représentée dans la *flor. austriaca* de Jacquin, pl. 202. Elle croît naturellement dans la Lombardie, la Suisse, l'Italie, l'Autriche ; on en trouve sur les monts Apennins, elle est vivace. On la multiplie par ses cayeux ; on les arrache en tout temps. Ils réussissent également, mais néanmoins beaucoup mieux quand les feuilles sont mortes, ce qui arrive au commencement de juin, et ils ne commencent à repousser qu'en octobre ; on la plante, pour l'ordinaire, par touffes. L'Ellébore d'hyver fleurit au premier printemps, ce qui lui mérite une place dans tous les jardins des curieux ; ses touffes, entremêlées avec celles des perceneige, font, dans un jardin du printemps, un très-bel effet.

La seconde espèce est l'Ellébore noir, *helleborus niger.* Sa racine est tubéreuse, noueuse, au sommet de laquelle sort un grand nombre de fibres serrées, noires en dehors, blanches en dedans, d'un goût âcre ; mêlé de quelqu'amertume excitant des nausées d'une odeur forte. De cette racine naissent des feuilles dont la queue, qui a un pouce de longueur, est cilindrique, épaisse, succulente, pointillée de taches pourpres comme la tige de la grande serpentaire ; ses feuilles sont divisées jusqu'à leur queue, le plus souvent en trois portions, en forme de doigt, formant comme autant de petites feuilles roides, coriacées, lisses, d'un vert foncé et dentelées, surtout depuis le milieu jusqu'à l'extrémité ; on peut fort bien comparer chaque partie des feuilles de l'Ellébore, prises séparément, aux feuilles de laurier ; cette plante n'a point de tige, les fleurs sont uniques ou il y en a seulement deux, soutenues sur un pédoncule de la longueur de quatre, cinq ou six pouces, ces fleurs sont composées le plus souvent de cinq feuilles disposées en rose, arrondies, d'abord blanchâtres, ensuite purpurines, enfin verdâtres, sans aucune odeur,

leur centre est rempli d'un grand nombre d'étamines,
entre lesquelles et les feuilles se trouve une couronne
de douze ou quinze petits cornets jaunâtres, longs
d'une ligne et demie, dont la bouche est coupée obli-
quement, au milieu des étamines est un pistil composé de cinq ou six graines, qui deviennent des gous-
ses membraneuses de figures de corne, ramassées en
forme de tête, renflées, roussâtres, dont le dos est
saillant et comme bordé d'une feuille terminée par
une pointe recourbée ; elles sont garnies de fibres
demi-circulaires et transversales, qui, en se con-
tractant, s'ouvrent en deux panneaux du côté de la
face interne, car chaque gousse est véritablement un
muscle digastrique, concave, dont le tendon fixe est
placé extérieureurement sur le dos de la gousse, et
celui qui est mobile est en dedans et à l'ouverture
des panneaux ; les graines sont ovoïdes, longues de
deux lignes, luisantes, noirâtres et vergées sur deux
lignes de la cavité de la silique. Suivant la descrip-
tion de cette plante, rapportée dans le système sexuel,
ses feuilles sont consistantes, vivaces pendant l'hiver, toutes radicules, coriacées; la hampe est à un ru-
diment d'une seule feuille, sans feuilles, fendu en
deux ; les rameaux sont aussi sans feuille, à deux
fleurs et à bractées, les fleurs sont verticillaires,
blanches : cette espèce est représentée dans notre
*grande Collection naturelle et économique des trois
règnes, part. des planches.* Elle croît sur les Alpes
et les Pyrénées, dans les endroits les plus escarpés
de la Toscane, de l'Autriche et des Apennins.

On multiplie l'Ellébore noir en partageant ses racines en automne ; car ses graines mûrissent rarement en France, il lui faut une exposition bien abri-
tée ; on croit que cette espèce est l'Ellébore noir des
anciens ; les Grecs l'appelaient *Melampodium*, d'un
certain Melampus, soit qu'il ait été médecin, soit
qu'il ait été seulement berger qui inventa la pur-
gation. Il guérit avec ce remède les filles de *Prœtus*,
qui étaient furieuses. Comme cet Ellébore fleurit à
Noël, quelques personnes l'appellent *la rose de Noël.*

Tournefort prétend que le vrai Ellébore des anciens, et même d'Hypocrate, est celui qu'on nomme
*Helleborus niger orientalis, amplissimo folio,
caule præalta, flore purpurascente, caroll., Helleborus niger orientalis, Bell.*, et les raisons qu'il en
apporte, c'est qu'il est très-commun, non seulement
dans les îles d'Anticyre, qui sont vis-à-vis le mont
Æta ; dans le golfe Malaca, qu'on appelle à présent
le golfe de Zatoza, près de l'île Eubée, à présent
Nègrepont, mais encore plus sur les bords du Pont
Euxin, et surtout auprès du mont Olympe en Asie,
près de la fameuse ville de Pruse ; quoiqu'il en soit,
c'est la seconde espèce dont il s'agit ici, qui passe
néanmoins pour le vrai Ellébore des anciens.

On substitue quelquefois dans les boutiques, aux
racines de cet Ellébore, celles de *l'Helleborus niger
tenui folius, buplhtalmi folio. pin.*, mais mal à propos, car les racines de cette plante, que Tournefort
réduit au genre des renoncules, sous le nom de *renunculus fœniculaceis foliis, Hellebori nigri radice teni. instit. rei. herb.*, ne purgent point du tout,
comme Tournefort et Dordonnée l'ont observé ; c'est
pourquoi si on y veut substituer quelques autres
plantes, il vaut mieux substituer au vrai Ellébore
les racines de celui qui s'appelle *Helleborus niger
hortensis, flore viridi. pin. et helleborus niger fœtidus pin.*, telles que celles qu'on apporte à Paris des
montagnes d'Auvergne.

Pour s'assurer si les racines qu'on a coutume de
vendre sous le nom d'Ellébore noir sont utiles dans
la médecine, Tournefort propose cette expérience :
il faut en faire infuser dans une suffisante quantité
d'eau de fontaine, et distiller ensuite dans un alambic, car si l'eau qui sort de l'alambic n'a point de
goût, il faut rejeter les racines comme inutiles, et
si l'eau qui en sort est âcre, il faut l'employer.

La racine d'Ellébore est la seule partie de la plante
en usage : on l'emploie dans l'épilepsie, l'apoplexie,
la manie, la rage, la mélancolie hypocondriaque,
la fièvre quarte, la toux invétérée, les affections

squirreuses , et dans presque toutes les maladies
chroniques qui ont résisté à toutes sortes de remèdes.
Elle agit avec beaucoup de violence , et purge par
le bas toutes les humeurs , mais avec douleur ; c'est
pourquoi il est de la prudence d'un médecin de ne
la prescrire qu'aux personnes fortes et robustes ,
et de lui associer quelques correctifs. On la donne
rarement en substance , parce qu'elle porte à la tête
et cause des convulsions et des irritations aux parties nerveuses ; sa dose en décoction est depuis un
gros jusqu'à deux.

Les meilleurs correctifs de l'Ellébore sont la crême
de Tartre , le sel de prunelle , les tamarins , l'oximel
et le suc des coings. Parkinson prétend que l'infusion
de l'Ellébore noir dans du suc de coing , ou sa coc-
tion dans un coing creusé exprès et cuit au feu comme
on le fait pour la scammonée , est préférable à toute
autre préparation ; on doit donc prescrire le suc et
le sirop de coings , lorsqu'il s'agit d'obvier aux maux
que l'Ellébore a pu causer. On fait avec l'Ellébore
noir un extrait.

Paracelse a composé un volume sur l'Ellébore noir ,
Tactius vante beaucoup sa racine prise avec du sucre , pour procurer une longue vie. La racine de l'Ellébore ne s'emploie pas seulement à l'intérieur ; on
s'en sert aussi extérieurement. Galien assure qu'étant
mise dans une fistule calleuse , elle emporte la callo-
sité en deux ou trois jours ; sa décoction dans la les-
sive est très-bonne pour nettoyer la vermine des
enfans ; on leur en lave la tête : on fait aussi avec
sa racine mise en poudre et du saindoux , un onguent
contre la galle , la gratelle et les maladies de la peau.
On guérit souvent par le moyen de cette même racine , les fluxions des yeux ; on perce le lobe de l'o-
reille , et on y insère un brin de racine d'Ellébore
noir , ce qui occasionne une diversion à la sérosité ,
et procure par conséquent le soulagement et même
la guérison du malade.

Le docteur Bacher a publié un remède sous le nom
de *Pilules Toniques* , qu'il assure très-bon pour

guérir l'hydropisie , et qu'il a vendu au Gouverne-
ment. Ces pilules se dissolvent facilement , dit le
docteur Bacher, dans l'estomac le plus débile et dans
la digestion , rendent des ressorts aux fibres affaiblies,
remettent en mouvement les humeurs croupissantes ,
secondent les secrétions et les filtrations , et opèrent
doucement par toutes les voies excrétoires ; vertu assurément très-propre à guérir la plupart des maladies chroniques , en y comprenant les affections hy-
pocondriaques et vaporeuses ; leurs vertus précises
sont de remettre en mouvement oscillatoire uni-
forme, le mécanisme des secrétoires et excrétoires lan-
guissans ; il faut les continuer long-temps pour rétablir l'uniformité du mouvement péristaltique. La
poudre des pilules toniques est , en certains cas ur-
gens , préférable aux pilules mêmes , parce que la
poudre se délayant plus vîte, opère aussi plus promptement ; parmi ces cas, il faut compter les maux de
tête , les migraines et les accès vaporeux. On prend
de cette poudre d'heure en heure , et pour l'ordinaire
la troisième dose calme le mal , sinon on passe à la
quatrième , à la cinquième. La dose pour les adultes
est de vingt-grains ou un demi-gros à la fois , et
même davantage : la façon la plus commode d'avaler cette poudre est de l'envelopper de pain à chanter, de la mettre sur le devant d'une cuiller où l'on
aura mis un peu de vin , de tisane , de thé ou de
bouillon , pour servir de véhicule ; dans les accès vaporeux , il vaut mieux la donner dans une cuillerée
de quelque liqueur spiritueuse , dans ce dernier cas ,
la dose ordinaire est de douze ou quinze grains. On
n'interrompt pas l'usage des pilules ni de la poudre
dans le temps des règles ou des hémorroïdes.

Plusieurs personnes, d'un tempérament délicat, se
servent depuis un nombre d'années des *Pilules Toniques* , comme d'un préservatif ; une santé plus parfaite est le fruit de cette pratique et dépose en leur
faveur ; on les prend pour lors tous les mois au déclin de la lune (*nous ne savons pas pourquoi*) pendant trois jours de suite, et à l'entrée du souper,

depuis neuf jusqu'à quatorze pilules ; les personnes du sexe suivent cette même méthode pour prévenir les accidens fâcheux qui ont coutume d'accompagner et de suivre le temps critique. Le principal effet de ces pilules est de guérir l'hydropisie, nótamment celle de la poitrine. Voici, en peu de mots, la méthode qu'on doit employer dans ce cas.

Les hydropiques prennent à six, huit et dix heures du matin, à chaque fois dix pilules ; les personnes d'un tempérament robuste en prennent quinze ou vingt à la fois, ensorte que le total en monte jusqu'à trente, quarante - cinq ou soixante par jour ; sur chaque prise de pilules, il faut prendre du bouillon ou du petit-lait citronné, chauffé chaque fois, et de la tisanne, ce qu'on exécute en trois jours consécutifs. Si dans l'hydropisie de poitrine, la difficulté de respirer augmente vers la nuit, il est à propos pour lors de recommencer, et de prendre les pilules vers les quatre, six et huit heures du soir, de la même manière qu'on l'a fait le matin. On interrompt l'usage des pilules chaque quatre jours, et on continue ainsi pendant cinq ou six semaines.

Les hydropiques ne prennent pour l'ordinaire d'autre nourriture, le premier et même le second jour de la cure, que du bouillon, une soupe et du petit-lait citronné, ou une tisanne appropriée.

La nourriture la plus convenable durant tous les autres jours de la cure, sont les carottes, les raves, les scorsonères, les salsifis, les asperges, les choux-fleurs, les endives, le céleri, le riz, de la bouillie claire de gruau, d'avoine, des œufs au lait, de la crême brûlée, des pommes et des poires en compote et mangées chaudes, la viande de poulet et de veau, peu de pain, beaucoup de bouillon. Il est permis à ces malades, il leur est même utile de boire à leur soif d'une boisson convenable, ils ne doivent pas se rassasier à dîner et doivent souper légérement. Si l'urine n'est pas échauffée et s'il n'y a aucun indice de trop de chaleur, ou si les forces manquent, il est permis de boire du vin, et par préférence du vin blanc et même sans eau ; dans ce cas, il convient même de prendre de temps en temps une cuillerée de vin d'Espagne, ou quelques cuillerées de bon vin ordinaire avec du bouillon ou avec de l'eau chaude et un peu de sucre.

Il est salutaire de prendre du mouvement, mais il faut qu'il soit modéré. Le vin rouge, surtout le gros, les liqueurs, le café, la pâtisserie, la graisse, les alimens grossiers et de digestion difficile, le froid, les efforts, les troubles de l'âme sont très-nuisibles.

S'il prend des sueurs aux malades pendant la cure ou la convalescence, ou même après, ils doivent s'y prêter et même les seconder.

Les convalescens doivent s'abstenir long-temps des plaisirs de l'amour, et prendre tous les mois, au déclin de la lune, pendant trois jours consécutifs, quatorze *Pilules Toniques*, à l'entrée de leur souper, par forme de préservatif.

L'hydropisie par induration, par densité et ténacité des humeurs, demande un autre traitement que celle qui provient d'autres causes, comme d'une diarrhée excessive ou d'une hémorragie immodérée, etc.; il est donc important d'examiner si c'est une hydropisie par érosion, si elle a pour cause le scorbut ou une acrimonie bilieuse, et si elle est la suite des évacuations supprimées d'une matière érésipélateuse, rhumatismale, ou goutteuse répercussive, ou de quelques maladies, comme de la fièvre quarte, etc., il est inutile de dire que pour remédier à ces diverses causes d'hydropisie, il faut des traitemens variés. Les *Pilules Toniques* opèrent des effets surprenans dans tous ces cas, si vous en exceptez l'hydropisie enkistée ou à sec ; souvent elles guérissent sans autre secours que celui d'un régime convenable ; cependant certains cas exigent des remèdes préliminaires ou entremis, et appropriés à l'espèce d'hydropisie. Leur bonté et leur vertu, surtout dans l'hydropisie de poitrine, sont amplement justifiées par quantité d'obsevrations, vérifiées par une multitude de certificats les plus authentiques et par l'approbation de la commission royale pour lors existante. Tous les praticiens, après s'être servi de *Pilules Toniques*, même dans les cas qu'on regardait comme désespérés, avouent qu'ils ont vu des effets qu'ils n'auraient osé se promettre de tout autre remède connu jusqu'à nos jours; ils ont également observé que plusieurs personnes attaquées d'anévrisme ou de polype, causes d'hydropisie incurable, n'avaient pas laissé, quoiqu'elles fussent d'un âge avancé, que de jouir d'une assez bonne santé pendant dix, vingt ans et plus, par l'usage des *Pilules Toniques*; telles sont les propriétés de ces pilules, les manières de s'en servir, et les cas où on les doit employer suivant Bacher; voyons actuellement leur préparation.

Prenez de l'extrait d'Ellébore blanc, de la myrrhe dissoute, de chacune un once, chardon béni pulvérisé trois gros et un scrupule, faites, selon l'art, une masse que vous ferez sécher à l'air jusqu'à ce qu'elle soit propre à former des pilules d'un demi-grain chacune. Le point essentiel consiste dans la préparation exacte de l'extrait de l'Ellébore noir; il est de la dernière importance de bien choisir celui qu'on y emploie. Le meilleur Ellébore, et celui qui mérite sans contredit la préférence, se trouve dans la Suisse. Il faut bien le distinguer des différens Ellébores qui se trouvent dans ce pays, et surtout du pied de griffon, qu'on vend indifféremment chez les droguistes, et dont nous parlerons ci-après; il faut être également attentif sur le temps où l'on fera la récolte de sa racine, qui est la seule partie usitée de la plante, et en effet, quand on la retire de la terre en septembre et octobre, elle contient plus de résine et de gomme, et ses fibres sont plus compactes et plus cassantes. Pour en tirer l'extrait, on commence d'abord par pulvériser grossièrement les racines d'Ellébore; on verse dessus une quantité suffisante d'eau-de-vie alkalisée, pour qu'elle soit parfaitement humectée, on répète cette opération douze heures après. Il faut un dixième d'alkali, de nitre fixé sur les charbons, sur neuf pintes d'eau-de-vie, qui doit être excellente. Cette

liqueur pénètre les parties constitutives de la racine
d'Ellébore, les divise et les dissout, de sorte que
celles qui sont caustiques et délétères puissent en
être après légèrement séparées et être élevées par des
évaporations répétées ; elle fait perdre même presque
sur-le-champ à l'Ellébore son odeur âcre et nau-
séabonde ; celle qui la remplace paraît être savon-
neuse et n'est point désagréable. Douze heures après
avoir fait la seconde irroration d'eau-de-vie, on
commencera les infusions au vin : par ce nouveau
moyen, on achève d'extraire la partie résineuse qui
aurait déjà été pénétrée par l'eau-de-vie, et on se
procure la partie gommeuse qui aurait échappé au
premier dissolvant ; on emploie à cet effet le meilleur vin du Rhin, et à son défaut, des vins de Grave
de la première qualité ; on jette sur la matière, qui
doit être placée dans des terrines de grès, une suffisante quantité de l'un ou de l'autre de ces vins,
pendant l'espace de quarante-huit heures. On a soin
de remplacer le vin qui s'évapore ou qui pénètre les
racines, ou s'incorpore avec elles, de sorte qu'il sur-
nage toujours de six travers de doigts. On remplace le vin comme à la première opération, à me-
sure qu'il pénètre la matière, et après une infusion
de quarante-huit heures, on procède à la décoction
et à l'expression comme ci-devant. On mêle ensem-
ble ces deux liqueurs extraites, et on rejette comme
inutile le marc, qui n'a plus guère de saveur ni d'o-
deur. L'évaporation de cette liqueur se fait de la
manière suivante : on fait bouillir dans la bassine
d'argent deux parties d'eau pure, et quand elle est
bouillante, on y mêle une partie de la décoction
d'Ellébore, qu'on aura troublée avec la spatule, pour
que la résine, qui gagne aisément le fond, soit exactement mêlée avec les autres parties attractives. Il
faut être attentif à ce que la bassine ne soit pas pleine,
et qu'il y ait un espace suffisant pour que la liqueur
ne s'extravase pas pendant l'opération ; on modérera
aussi le feu, afin d'éviter la trop grande infusion de

la liqueur ; on poussera l'évaporation jusqu'à ce qu'elle ait acquis la consistance du sirop.

On répète ce travail en soumettant pour la seconde fois cette liqueur extractive à une nouvelle ébullition avec de l'eau et avec une évaporation suffisante, pour qu'elle reprenne la consistance du sirop. On prendra les mêmes précautions qui ont été indiquées dans le premier travail, soit pour la quantité d'eau qu'on y emploiera, qui doit être bouillante avant d'y mettre l'extrait, soit pour eviter les raréfactions, dont il est très-susceptible ; on les versera ensuite dans une terrine, quand toute la liqueur aura subi la seconde opération, on procédera, par une évaporation lente, à la réduire à la consistance d'extrait, et on l'agitera continuellement avec une spatule de bois ; ensuite on retirera la bassine du feu, et on y versera peu à peu un neuvième d'excellente et forte eau-de-vie, qu'on mêlera exactement avec l'extrait; on fera sur-le-champ évaporer cette eau-de-vie à un degré de chaleur fort médiocre ; et par cette méthode on obtiendra le double d'extrait d'Ellébore noir, imprégné et mêlé de la manière la plus intime avec la partie extractive du vin. Quant à la myrrhe, on la prépare de la manière suivante : on la pulvérise grossièrement et on la passe à travers un tamis de crin, on la jette ensuite dans une bassine où il y a suffisante quantité d'eau, elle s'y dissout à un feu médiocre, on la passe pour lors toute chaude à travers un linge et on l'exprime fortement; on expose à un feu léger la myrrhe ainsi dissoute, et on l'agite sans cesse jusqu'à ce qu'elle ait acquis la consistance d'extrait.

La préparation du chardon bénit consiste à réduire en poudre les feuilles de cette plante, qu'on aura choisie avant sa fécondité et ensuite séchées au grand soleil ; on passera cette poudre à travers un tamis de soie. Il est essentiel, dit M. Bacher, de suivre scrupuleusement les précautions ci-dessus détaillées, il n'en est aucune d'inutile ; le choix des substances qui entrent dans cette composition n'est

(25)

pas moins important, il faut surtout n'employer que
de l'excellente eau-de-vie et du vin de la première
qualité. Tout ce que nous venons de dire, tant sur
la préparation des *Pilules Toniques* que sur leur
usage, la manière de s'en servir et les cas où elles
conviennent, est précisément ce qu'en ont dit M. Bacher, et surtout M. Magés, chirurgien à Paris.
Il est indifférent de dissoudre l'extrait d'Ellébore par
l'eau, par l'esprit de vin, le vinaigre ou le vin, d'autant que ces menstrues dissolvent également les parties extracto-résineuses de l'Ellébore noir, à l'exception néanmoins des deux derniers, qui fournissent un extrait plus considérable, à cause de la partie extractive qu'ils contiennent eux-mêmes.

Le chirurgien Magés dit qu'il fait faire usage à
ses malades, depuis nombre d'années, d'un oximel
préparé de la manière suivante : prenez quatre onces
de bulbes de colchique et une once de racines d'Ellébore noir, faites-les digérer doucement pendant
quatre heures à un feu de sable, dans une pinte de
vinaigre que vous mettrez dans un matras de verre,
vous en boucherez le col avec un morceau de par-
chemin, au milieu duquel vous pratiquerez un petit trou, passez ensuite la liqueur au travers d'un
linge, exprimez, mêlez une livre de cette digestion
avec deux livres de miel blanc, mettez le tout dans
un matras de verre sur un bain de sable, et faites
fondre le miel à un feu doux. Trois ou quatre demi-
cuillerées de cette liqueur, délayées dans une infusion de cresson de fontaine et de cerfeuil, et prises
dans l'espace de vingt-quatre heures, ont guéri parfaitement plusieurs personnes de tout sexe et de tout
âge qui étaient attaquées d'hydropisie de poitrine,
avec leucophlegmatie, toux sèche, suppression d'u-
rine, et je puis assurer, ajoute Magés, que je ne
connais pas de meilleur apéritif ni de meilleur ex-
pectorant ; j'ai soin d'aider l'action de ce remède par
un purgatif que je fais prendre de temps en temps à
la dose d'un ou deux scrupules, et qui est composé
de parties égales de la poudre de la *Chevaleraye* et

de scamonnée pulvérisées. Le même auteur observe qu'il a eu besoin quelquefois de donner une cuillerée à la fois de son oxymel, dans un verre d'infusion de cerfeuil et de cresson ; ce remède ainsi préparé, ajoute Magés, n'a jamais causé d'accident fâcheux : j'ai fait usage, dit Magés, de ce remède préparé avec la quantité d'Ellébore seul, de vinaigre et de miel, pour moi-même, avec le plus grand succès, dans une bouffissure de presque tout le corps et singulièrement dans la tête, qui m'était survenue à la suite d'un catharre suffoquant.

Cette espèce d'oxymel, continue Magés, se fait assez promptement et sans beaucoup de frais, il remplit parfaitement les vues de Bacher, et a assurément autant et peut-être plus d'efficacité que les *Pilules Toniques*. C'est aux gens de l'art qui mettent ces deux remèdes en usage, à les apprécier et à les mettre chacun à leur place, et en effet l'oxymel est un vrai correctif de l'Ellébore, ainsi que nous l'avons observé ; le colchique qu'on y ajoute en augmente la vertu, et pour le faire, on n'a pas besoin d'avoir recours à une manipulation qui rend les procédés de Bacher presqu'impraticables à bien du monde, et lui perpétue le débit de ses pilules, autant qu'on y peut avoir confiance ; et en effet qui serait jamais assez hardi de s'y confier ? Tout le monde sait combien l'Ellébore est nuisible, c'est un remède qu'on n'emploie que pour l'art vétérinaire, et qui est trop violent pour les hommes, et même quand on est obligé de s'en servir pour eux, c'est en cas de manie, de frénésie et de folie ; d'ailleurs ce remède n'a encore guéri aucune hydropisie de poitrine, et si par hasard on rapporte quelques observations de pareilles guérisons, nous pouvons assurer que ce n'était point des hydropisies de poitrine ; Magés lui-même ci-dessus cité, malgré le remède que nous avons rapportés d'après lui est mort lui-même d'une hydropisie de poitrine, quoiqu'il ait annoncé en avoir été guéri. Les autres espèces d'hydropisie n'ont pas plus cédé aux *Pilules Toniques* du docteur Bacher.

(27)

Tous les hydropiques qui en ont fait usage dans cette capitale sont morts ; je ne citerai pour exemple que M. de Baumont, archevêque de Paris ; ce prélat respectable est péri en faisant usage de ce remède ; l'archevêque de Bourges n'en a pas moins éprouvé les funestes effets, conséquemment les *Pilules Toniques* n'ont produit jamais aucun avantage ; elles sont trop échauffantes, dangereuses, et doivent être bannies de la classe des médicamens ; laissons l'Ellébore aux maniaques et aux bestiaux. Chomel a conseillé avec succès la racine d'Ellébore en forme de cautère, pour préserver les vaches de la maladie qui régnait en 1748.

Quand on prescrit l'Ellébore noir dans la manie, on le prescrit sous les formules suivantes :

Prenez fibres d'Ellébore noir coupées très-menues un demi-gros, jetez-les dans six gros de lait bouillant, faites bouillir légérement et infuser pendant la nuit ; on en prendra la colature le matin dans la manie, ou :

Prenez fibres d'Ellébore noir une once, faites bouillir dans quatre livres d'eau de pluie réduites au tiers, ajoutez à la colature du bon miel écumé une once, mêlez ; le malade en prendra une cuillerée dans un bouillon gras, de jour à autre, dans la manie.

Lorsqu'on l'ordonne comme purgatif, il faut toujours y joindre des correctifs ; mais comme nous avons assez d'autres purgatifs, nous nous garderons bien d'en prescrire l'usage ; cependant pour ne rien oublier sur cette plante, nous allons rapporter ici quelques formules sous lesquelles on peut la prescrire.

Prenez extrait d'Ellébore noir quinze grains, *aquila alba* et succin préparé, de chacun 12 grains, créma de tartre vingt grains, moëlle de casse récente suffisante quantité, mêlez, faites un bol.

Prenez extrait d'Ellébore noir un scrupule, crème de tartre une demi-once, gelée ou pulpe de coings suffisante quantité, faites un bol.

Quelquefois aussi on donne l'Ellébore noir contre les vers : Prenez racine de fougère mâle un gros, Ellébore noir dix grains, faites une poudre à prendre dans un bouillon

On cultive l'Ellébore noir à fleurs de rose dans plusieurs jardins de la France : les fleuristes en font grand cas, parce qu'il fleurit dans un temps où il n'y a pas d'autres fleurs.

La troisième espèce d'Ellébore est l'Ellébore vert, l'Ellébore à fleurs vertes, *Helleborus viridis*. Cette espèce s'élève à la hauteur d'un pied ; sa racine est fibreuse, de couleur noire, toutes ses feuilles sont radicales; sa hampe est sans feuilles, fendue en deux, ayant les rameaux feuillés, à deux fleurs ; ses fleurs sont panchées, vertes, ses pistiles sont au nombre de trois, rarement quatre, plus rarement cinq ; elle est représentée dans notre *Grande Collection naturelle et économique des trois règnes*, part. des pl. Elle est vivace, et croît naturellement sur les montagnes d'Allemagne, d'Autriche, de Silésie, de Carniolie, de Suisse, dans nos départemens méridionaux de la France, et suivant Guetturd, le long de la rivière de Réaumur, à Ditton, près de Cambridge. Les fleurs paraissent au commencement de février et les semences mûrissent sur la fin de mai ; si on les sème dès qu'elles sont mûres, les plantes poussent au premier printemps ; quand elles ont acquis de la force on peut les transplanter dans des endroits ombragés, sous des arbres, où elles profiteront et fleuriront très-bien.

La quatrième espèce est l'Ellébore puant, le pied de griffon, *Helleborus fœtidus*.

La racine de cette plante est fibreuse, la tige est feuillée, de la hauteur d'un pied et demi; ses feuilles sont caulinaires, soutenues par plusieurs pédicules qui se réunissent en un pétiole commun ; elles sont d'un noir brun ; il y a une feuille florale au bas de chaque pédoncule ; les fleurs sont au sommet, disposées comme en ombelles, rosacées, formées par cinq pétales obronds, obtus, larges, persistans, rouges à leurs bords, sans calice ; il y a plusieurs nectaires rangés en rond, tubulés, à deux lèvres échancrées : Le fruit est formé par plusieurs capsules comprimées, à double carêne, membraneuses, dures, renfermant des semences rondes et nombreuses. Toute la plante répand un odeur fétide, est toujours verte, et fleurit en tout temps : cette espèce est représentée dans notre grande *Collection Naturelle et économique des trois règnes, part. des pl.* Le chevalier Linnée lui donne pour variété, *l'Helleborus niger trifoliatus moris. , hist. 3 , p.* 360, *sect.* 12. Cette variété est représentée dans la planche 4, fig. 7 du troisième volume de l'histoire des plantes de Morison.

Le pied de griffon est vivace, croît partout dans la France, la Suisse, l'Allemagne ; on en voit beaucoup entre Cologne et Mayence : il fleurit pour l'ordinaire en hiver et ses semences mûrissent au printemps ; si on les laisse tomber d'elles-mêmes, les plantes viennent sans aucun soin, il ne s'agit que de les transplanter dans des bois ou des terreins incultes où elles seront très-bien à l'ombre, et y feront un fort bel effet, dans une saison où il se trouve peu de plantes dans leur beauté.

Cette plante de même que les deux espèces précédentes, est un purgatif trop violent pour en faire prendre aux hommes, quoiqu'on lui attribue une vertu contre la manie. Cependant elles sont les unes et les autres d'usage pour les animaux, en leur donnant les racines en poudre à la dose d'un demi gros, de même que leur extrait.

On applique cette racine en forme de cautère sous la gorge des chevaux pour les guérir de l'état de langueur où ils peuvent se trouver ; sous celle des vaches, pour les garantir des maladies épisootiques qui peuvent régner dans le bétail ; sous la queue des brebis, pour leur faire passer le clavin ; et sous l'oreille des porcs, pour les préserver des maladies pestilentielles auxquelles ils sont sujets ; on fait dans ces cas un trou à la peau de ces différens animaux ; on

enfonce cette racine dans le trou et on l'y laisse pendant vingt-quatre heures ; elle donne lieu à une espèce de dépôt qui est toujours favorable dans ces cas.

La cinquième et dernière espèce est l'Ellébore à
trois feuilles, *Helleborus trifolius*. La racine de cette
espèce est fibreuse, filiforme, traçante, vivace ; les
feuilles sont radicales, ternées, ayant leurs folioles
sessiles, ovales, plus bossues à l'extérieur, découpées en dents de scie, aiguës, un peu roides, gla-
bres, veineuses, les pétioles sont filiformes, plus
longs que la feuille; la hampe est solitaire, filiforme,
deux fois plus longue que les pétales, garnie d'une
bractée ovale ; la fleur est solitaire, de la grandeur
de la fleur qui se nomme *Trientalis* ; les pétales de
la corolle sont au nombre de cinq, ovales, amincis
par la base en cylindre percé, deux fois plus courts
que les pétales ; les filamens des étamines sont ca-
pillaires, blancs, nombreux, à peine plus longs que
les nectaires ; les anthères sont blanches, rondes,
droites ; les germes du pistil sont au nombre de cinq,
applatis ; les styles sont filiformes, de la longueur
des étamines, recourbés ; les stygmates sont obtus,
le péricarpe est à cinq capsules pointues, applaties,
réunies par le bord intérieur; les semences sont nombreuses. Pour résumer, la hampe de cette espèce est
sans feuilles, sa fleur est menue, semblable à celle
du *Parnassia*, blanche : elle est représentée dans les
Amœnit. acad. de Linnée, tom. 2, pag. 4, fig. 18,
et dans la *Flora danica*, pl. 556. Elle croît dans les
forêts ombrageuses du Canada, avec *l'Oxalis*, la
circée ; on en trouve aussi en Islande. Quoique cette
plante soit très-petite en son espèce, cependant elle
est assez visible et assez belle.

---

*Observations sur les vertus médicinales de l'El-
lébore blanc.*

On ne fait usage en médecine que de la racine

d'Ellébore blanc ; c'est un des plus grands purgatifs
et émétiques que nous ayons ; il est même si violent,
suivant Hypocrate , qu'il excite souvent des convulsions : plusieurs modernes le rangent dans la classe
des venins. Le savant P. Kirker n'est pas fort éloi-
gné de ce sentiment ; Matthiole pense de même. On
ignore quelle était la préparation des anciens lorsqu'ils le prescrivaient ; quelques praticiens semblent
n'avoir rien négligé pour en rétablir l'usage ; les uns
prétendent qu'on peut le corriger par la macération
de sa racine dans du vinaigre , ou dans le suc de
coing ou celui de roses. Forestus assure que la fleur
de nénufar est son véritable correctif. Thorocus
pense le contraire ; il l'associe au castoreum. Schro-
der emploie le vin d'Espagne et Gesner le Malvoisie,
Hypocrate y joignait pour correctif le daucus, le
séséli , le cumin , l'anis , ou quelqu'autre plante odo-
riférante.

Pline rapporte que les anciens défendaient ce purgatif aux vieillards , aux enfans et aux tempéramens
délicats ; ils ne l'ordonnaient qu'aux tempéramens
forts et robustes , après les avoir préparés, tant par
la diète que par les minoratifs , et après avoir essayé
inutilement d'autres remèdes.

L'Ellébore a actuellement perdu tout son crédit ,
depuis la découverte des différentes préparations
antimoniales qui sont moins dangereuses et plus efficaces. Fernel et Mesué ont pensé de même que
tous les autres praticiens sur la violence de ce remède : du temps même de Dioscoride , si on veut
ajouter foi à cet auteur , il était déjà tenu pour exciter des superpurgations , des suffocations , des convulsions, des palpitations de cœur , des inflammations des viscères , un tremblement universel de tout
le corps , et quelquefois la mort. On prescrivait
anciennement l'Ellébore comme un très-bon remède pour guérir la mélancolie , la folie , l'épilepsie et plusieurs autres maladies opiniâtres de cer-
veau. On ne doute point, par les proverbes que nous
ont laissé les anciens , telles que sont *naviget anti-*

cyras ou *caput triplici purgandum Helleboro*, que
ce remède n'ait été d'un fréquent usage parmi eux.

La poudre des racines d'Ellébore est un violent
sternutatoire ; on la mêle avec d'autres sternutatoi-
res, afin d'irriter plus vivemeut les fibres nerveuses
de la membrane pituitaire. Cette poudre était fami-
lière au docteur Marquet.

Garidel a mêlé plusieurs fois la poudre de ces racines avec l'onguent qu'il prescrivait pour la galle,
dont il a remarqué de très-bons effets. Le docteur
Dufresnoy employa plusieurs fois, pour guérir la galle,
une pommade composé de poudre de racine d'Ellébore
blanc et d'huile ; en dix jours elle disparaissait entièrement. On assure que ses feuilles appliquées à la
ceinture, sur la région des lombes, arrêtent le flux
hémorroïdal dans les hommes, et l'hémorragie uté-
rine dans les femmes.

---

*Dissertation sur le Toxicodendron et sur ses
propriétés reconnues depuis peu contre les
dartres, les affections dartreuses et la paralysie des parties inférieures.*

Le Toxicodendron est une espèce du genre des
Rhus, sur lequel nous publierons une dissertation
particulière et dont il y a plusieurs espèces ; nous ne
parlerons maintenant que de celle-ci, comme celle
dont on a expérimenté les plus grands succès dans
la médecine. C'est à Dufresnoy, médecin de Valenciennes, que nous sommes redevables des propriétés
médicinales du Toxicodendron ; cette espèce se nomme
en botanique *Rhus radicans*. Elle croît naturellement dans plusieurs parties de l'Amérique septeu-
trionale ; sa tige, qui a la forme de celle d'un arbrisseau, s'élève rarement à plus de trois pieds de
hauteur, et pousse vers le bas des branches qui traî-
nent sur la terre et prennent racine à chaque nœud,
ce qui la multiplie considérablement quand elles ne

sont

sont point gênées et quand elles sont soutenues par des supports ; elles s'élèvent rarement en hauteur : si on les dresse contre un mur, elles poussent des racines dans les crevasses ou les fentes, où elles subsistent encore quoiqu'elles soient séparées des principales racines. On a remarqué aussi que de pareilles tiges devenaient plus ligneuses et s'élevaient davantage que si elles tiraient leur substance de la terre. Les pétioles des feuilles ont près d'un pied de longueur ; ces feuilles sont composées de trois lobes ovales, en forme de cœur, unis, entiers, portés chacun sur un court pétiole de cinq pouces de longueur sur trois et demi de large ; les deux lobes de côté sont obliques au pétiole, celui du milieu est égal ; ces lobes ont plusieurs veines transversales qui partent de la principale et s'étendent jusqu'aux bords ; les fleurs, qui sont disposées en panicules claires, sont petites, de couleur herbacée et de peu d'apparence ; certains pieds n'ont que des fleurs mâles à cinq étamines, qui ne produisent pas de fruits, et d'autres ont des fleurs femelles avec un germe à trois styles fort courts, auxquels succèdent des baies rondes, canellées, unies et de couleur grise, qui renferment deux ou trois semences stériles, si les fleurs mâles ne sont point dans le voisinage. Ces plantes, qui profitent dans presque tous les sols et à toutes les expositions, fleurissent en juillet, et leurs semences mûrissent en automne ; c'est ainsi que s'exprime Miller au sujet du Toxicodendron.

Dufresnoy a fait l'analyse du Toxicodendron. Il a fait distiller 4 livres de ses feuilles avec 32 livres d'eau ; il en a obtenu une eau distillée chargée d'un peu d'odeur, quoique cette plante n'en ait point ; l'eau distillée piquait et enflammait la bouche quand on en mettait sur la langue, la décoction qui était restée dans l'alambic, était d'une couleur brune, surchargée d'une légère pellicule grasse et d'un brun foncé ; cette décoction passée par un tamis de crin et mise à évaporer, a donné un extrait lisse et d'un beau noir. Les feuilles, tirées de l'alambic avec les mains, les ont rougies et gonflées, ainsi que les bras, et ont donné des démangeaisons qui ont duré plusieurs jours. Quarante livres de ces feuilles ont donné vingt onces d'extrait d'une consistance propre à faire des pilules. Dufresnoy a mis dans une petite bouteille à large goulot, une once d'extrait, il a versé dessus quatre onces d'esprit de vin très-fin, il a laissé le tout en digestion pendant quarante-huit heures, et l'esprit-de-vin qu'il soutira ne s'est pas trouvé plus coloré qu'une légère infusion de thé. Après avoir fait réduire la décoction au quart de sa valeur, il l'a laissé refroidir pour en tirer le sel qu'elle aurait déposé ; n'en ayant pas trouvé, il n'a pas poussé plus loin ses recherches.

Tous les auteurs regardent le Toxicodendron comme une plante fort dangereuse ; cependant Dufresnoy est parvenu à en tirer un excellent remède contre les dartres et affections dartreuses, de même que contre la paralysie. Voici comment notre auteur s'exprime au sujet de cette plante.

Un jour de leçon publique, un jeune fleuriste, dit Dufresnoy, était venu au jardin botanique de Valenciennes pour y voir des plantes étrangères, il me fit, après la leçon, plusieurs questions sur le *Rhus radicans*, dont je venais de faire la démonstration : un élève instruit dans la botanique, et qui broye impunément tant que l'on veut cette plante entre les mains, ne fit pas de grands efforts pour lui persuader qu'on n'avait point à craindre les mauvaises qualités que je venais de lui attribuer ; pour le prouver, il en prit une poignée de feuilles, les brisa avec les doigts, et s'en frotta les mains et les poignets comme il avait déjà fait plusieurs fois, sans en ressentir la plus légère incommodité. Le fleuriste, persuadé que j'avais cherché à l'amuser, voulut renchérir sur mon élève, et affecta de broyer cette plante plus long-temps dans ses mains ; il ne tarda pas à se repentir de sa crédulité ; le lendemain il se plaignit d'une démangeaison incommode aux mains et aux poignets ; il se rendit chez mon élève, qui lui assura positivement que c'était la galle qui se déclarait ; et qu'il avait sans doute prise dans les voyages qu'il avait faits, parce que lui ne se plaignait de rien.

Il lui conseilla, pour empêcher cette maladie de faire des progrès, de se frotter le même jour les mains et les poignets avec de l'onguent citrin, et de se purger le matin avec des pilules mercurielles ; les conseils furent suivis.

Le jour de la médecine les demangeaisons augmentèrent, les poignets et les mains commencèrent à gonfler et à se couvrir d'un plus grand nombre de petits boutons, qui lui firent croire que c'était réellement la galle. L'élève consulté de nouveau, lui dit qu'il avait bien vu, et lui fit frotter les mêmes parties, comme le siège de la maladie, avec le double d'onguent, afin d'aller plus vite ; le lendemain de la deuxième friction, les mains et les poignets, dont le gonflement avait augmenté la nuit, étaient couvertes d'une grande quantité de petites vésicules qui se remplirent en grossissant de plus en plus, pendant sept à huit jours, d'une sérosité jaunâtre, qui annonçait un érysipèle fâcheux ; malgré les saignées, les bains, les fomentations émollientes et les boissons délayantes, la tête s'enfla si fort qu'il fut aveugle par le gonflement prodigieux des paupières, pendant plus de vingt-quatre heures ; les demangeaisons se portèrent ensuite sur toutes les parties du corps, principalement vers la chevelure et celle de la poitrine, qu'il se mit en pièces à force de se gratter. Au bout de dix jours, les accidens cessèrent, les poignets qui avaient jeté une grande quantité de sérosités, se dépouillèrent de leur épiderme : il fut fort étonné de se voir guéri d'une dartre qu'il portait au poignet depuis plus de six ans, et qui avait éludé les frictions, le sublimé-corrosif à la plus forte dose, et les remèdes prescrits par les personnes de l'art les plus éclairées de la province. Depuis, cette dartre n'a plus reparu.

Dufresnoy, persuadé que le fleuriste ne devait

pas sa guérison à l'onguent citrin , mais plutôt au
Rhus radicans , au Toxicodendron , a cru devoir
employer cette plante intérieurement sur plusieurs
personnes attaquées de différentes espèces de dartres ,
mais auparavant , il en a voulu faire l'essai sur lui-
même ; j'ai commencé , ajoute-t-il , à faire usage
sur moi-même de l'infusion de cette plante , quoique je n'eusse point de dartres , pour m'assurer des
effets qu'elle pourrait produire sur mon estomac.
J'ai donc fait infuser une foliole fraîche dans une
livre d'eau bouillante , et commencé par en prendre
soir et matin une cuillerée à bouche ; cette dose ne
produisant pas d'effet sensible , j'ai augmenté le
nombre des folioles jusqu'à douze pour la même quantité d'eau. A cette dose , j'ai observé que mon estomac me faisait un peu mal , que ma transpiration
et mes urines étaient plus abondantes.

Nous allons actuellement rapporter les observations de M. Dufresnoy sur la propriété de cette plante
pour la guérison des dartres.

Observation Iʳᵉ. Une femme de campagne , dit
Dufresnoy, vint me consulter à la fin du mois d'août
1779, pour une dartre farineuse qui lui couvrait tout
le nez depuis près de quatre ans ; je lui fis prendre
l'infusion des feuilles de Toxicodendron , autrement
Rhus radicans ; en moins de deux mois , elle dissipa les trois-quarts de sa maladie ; la plante m'ayant
manqué , je n'ai pas pu continuer.

Observation seconde. Une autre femme du village
d'Herin vint , en juillet 1780 , me consulter pour
plusieurs dartres farineuses , qui lui couvraient le
visage depuis plus d'un an , je lui fis prendre l'infusion de cette plante , qui en moins de six semaines
dissipa entièrement cette maladie. La malade ne
s'est , depuis sa guérison , apperçue de rien , et m'a
dit qu'étant d'un caractère enclin à la tristesse , aussitôt qu'elle avait avalé de cette infusion , elle se
touvait gaie et toujours mieux disposée au travail.
Les autres malades , qui en ont fait usage depuis ,
m'ont fait , ajouta Dufresnoy , le même aveu.

(37)

Ce médecin n'ayant pas , au mois de juillet 1781,
de malades dartreux à traiter , prit le parti , quoiqu'il eût eu le soin de multiplier cette plante , de
la faire distiller ; il fit mettre deux livres de feuilles
bien pilées dans un alambic , verser par-dessus douze
livres d'eau de pluie , et distiller un peu plus de
deux tiers de la liqueur , qu'il conserva pour s'en
servir au besoin ; il se présenta bientôt.

Observation troisième. Deux jeunes pensionnaires
des ci-devant Dames Semericines de Valenciennes ,
portaient au visage des dartres farineuses ; après les
avoir purgées , dit Dufresnoy , je leur fis prendre le
premier jour une cuillerée à café de l'eau distillée
des feuilles de *Rhus radicans*, quatre fois le jour,
dans une tasse d'eau sucrée ; le second jour, trois
cuillerées à café , en augmentant chaque jour d'une
cuillerée , jusqu'au nombre de quatre cuillerées
quatre fois le jour ; en moins de deux mois les dartres se sont dissipées et n'ont plus reparu.

Observation quatrième. Une fille de vingt-quatre
ans ayant fait dissiper des dartres vives qu'elle portait aux mains , avec une préparation de litharge
qu'on lui avait donnée , quelque temps après elle se
plaignit d'une légère oppression , qui a toujours été
en augmentant , ainsi qu'une toux qui la fatiguait
beaucoup , surtout la nuit. Un jour , quelqu'un s'é-
tant apperçu qu'il y avait un peu de sang dans ses
crachats , on lui conseilla de venir consulter Dufresnoy ; comme on avait employé inutilement la
saignée , les béchiques de toute espèce , le demi-bain
et autres remèdes , Dufresnoy crut devoir lui faire
faire usage de l'eau distillée de *Rhus radicans*, quatre
fois le jour , à la dose d'une cuillerée à bouche , dans
une légère infusion de cette plante ; le succès de ce
remède surpassa ses espérances , les symptômes ne
tardèrent pas à disparaître , et la malade a repris
son embonpoint avec sa santé.

Observation cinquième. Madame de St.-R.....,
âgée de soixante-douze ans , portait depuis plusieurs
années aux doigts des pieds , une dartre humide,

qui rendait une matière ichoreuse , ce qui lui don‑
nait des démangeaisons et des cuissons très‑vives.
Une portion de cette humeur dartreuse s'était aussi
jetée sur les doigts des mains , et les avait tellement
ulcérés qu'elle était obligée de les tenir enveloppés
séparément les uns des autres.

La douce‑amère, les sucs dépurés de cresson ,
l'extrait de fumeterre , les bouillons altérans et les
pilules de Beloste avaient été donnés sans succès, il
n'y avait que les bains continués pendant long‑temps
qui faisaient enfin disparaître les dartres , pour re‑
paraître dix ou douze jours après leur cessation. Au
commencement de décembre 1786 , je conseillai l'in‑
fusion distillée des feuilles de *Rhus radicans* , mê‑
lée le matin avec du lait, et le soir avec un peu d'eau
sucrée.

La dame de St.‑R..... prit deux onces de cette
eau avec autant de lait et d'eau sucrée, trois fois le
jour, le matin à jeun, à onze heures et à six heures
du soir ; depuis qu'elle a fait usage de ces remèdes ,
en observant le régime prescrit , les dartres ont dis‑
paru, quoiqu'elle eût cessé les bains en continuant
ce traitement.

Observation sixième. M. de J. V. , âgé de trente‑
six ans, portait depuis plusieurs années une dartre
miliaire sur tout son corps , à l'exception du visage
et des mains ; cette dartre semblait s'éteindre aux
premiers froids pour reparaître au printemps. Il
avait employé tous les remèdes qu'on lui avait pres‑
crit pour se délivrer d'une maladie qui empoison‑
nait son existence ; les bains , les frictions mer‑
curielles employées à plusieurs reprises , la solution
du sublimé‑corrosif , les dragées de Keiser , le suc
dépuré de fumetère et la douce‑amère, n'avaient
apporté aucun adoucissement à son état.

L'usage de l'eau distillée des feuilles de *Rhus ra‑*
dicans , prise quatre fois le jour à la dose de quatre
onces, pendant dix mois, a suffi , avec quelques
purgatifs, pour se débarrasser entièrement de cette
dartre. Depuis deux ans qu'il ne prend plus rien,

il ne s'est pas encore ressenti du retour de la plus légère éruption dartreuse.

Observation septième. Madame de R...., âgée de trente-deux ans, avait ses règles quand sa fille unique vint à mourir de la petite-vérole : la révolution que lui fit le chagrin de cette perte supprima les règles. Peu de temps après cette suppression, il lui vint sur les bras, les cuisses et la tête, des dartres croûteuses très-épaisses, depuis la largeur d'une lentille jusqu'à celle d'un écu de trois livres ; ces dartres avaient résisté pendant sept ans à tous les remedes employés contre elles, au mois de mai 1786, la dame de R.... me pria de lui donner mes soins et d'essayer de la guérir d'une maladie aussi désagréable.

Je lui fis faire usage de l'eau distillée de *Rhus radicans*, à la dose de quatre onces, quatre fois par jour. Depuis plus de quatre années (1789), qu'elle a cessé ce remède, elle ne s'est pas encore apperçue du retour de ses dartres.

Les expériences que Dufresnoy avait faites en 1786 de la vertu de l'extrait du *Rhus radicans* dans les affections dartreuses, l'ont conduit à la découverte de ses effets salutaires contre la paralysie *des extrémités inférieures* ou *la paraplexie*, provenant d'une suite de mouvemens convulsifs ; il rapporte à ce sujet cinq observations ou cures opérées par le moyen de cette plante, sans y comprendre celles qu'il a publiées depuis dans une petite brochure qu'il a mise au jour et qui sont une répétition des cinq premières dans des cas à-peu-près pareils ; mais avant de donner ici les cinq observations de ce médecin, il est à propos de désigner le temps où l'on cueille le *Rhus radicans*, de même que des précautions à prendre pour se garantir de ses effets nuisibles, après quoi nous indiquerons la manière de préparer les différens extraits de cette plante, tels que les a préparés Dufresnoy. Il donne les procédés pour trois extraits.

Quand les feuilles du *Rhus radicans* sont parvenues à la plus grande vigueur, vers le 10 ou 20 juin, on les coupe seulement, mais avec les précautions qu'exige une plante aussi dangereuse; les hommes dont on se sert pour cette opération, portent des gants de peau qui leur montent jusqu'au milieu de l'avant-bras; ils les ferment par le moyen d'un cordon, pour qu'ils ne descendent pas; par le moyen de ces précautions la plante ne les incommode pas.

Premier extrait. Après avoir distillé l'eau des feuilles, Dufresnoy fait passer par un tamis de crin serré la décoction qui reste dans l'alambic, il la fait épaissir en consistance d'extrait.

Second extrait. On ramasse avec les précautions indiquées, vers le 15 juin, les feuilles de *Rhus radicans*, on les coupe avec des ciseaux ou un couteau; on laisse les petites feuilles, qui fournissent une seconde récolte vers le 10 août, et une troisième vers la fin d'octobre; on fait mettre les feuilles dans un cuvier, et on verse dessus assez d'eau pour les mettre en digestion pendant quarante-huit heures; on les fait ensuite bouillir pendant quatre heures dans une petite chaudière, et on les tire de là avec une fourche de fer à trois dents, pour les mettre dans un panier d'osier afin de les laisser égoutter, on les presse avec la même précaution que lorsqu'on les coupe; on passe par le tamis la décoction qu'elles ont donnée en les pressant; on la mêle avec l'autre qu'on fait évaporer jusqu'à consistance d'un brun noir propre à faire des pilules, en y ajoutant de la poudre dont il sera parlé dans l'extrait suivant.

Troisième extrait. Quoique les feuilles de *Rhus radicans* aient été pressées pour en tirer la décoction, dont elles sont imbibées, et qui sert pour former le premier extrait; on les fait piler dans un mortier de marbre et bouillir de nouveau pendant deux heures, ensuite on met à la presse, on passe la liqueur par le tamis, et on épaissit comme ci-dessus; quand les feuilles ont été bouillies deux fois, on les fait sécher au soleil ou sur le four, ensuite on les réduit en poudre fine, qui sert à former des pilules. Le premier extrait n'a pas été fait par Dufresnoy, non pas dans les vues de le prescrire intérieurement, mais seulement pour en faire l'analyse à son premier loisir ; cependant il l'a employé, dans sa première et troisième observations, dont nous parlerons ci-après ; le troisième extrait n'a pas à beaucoup près autant de vertus que le second ; Dufresnoy a employé l'un et l'autre dans sa cinquième observation.

Observation première. Dans les premiers jours de décembre 1782, un jeune homme âgé de 14 à 15 ans, perruquier de son métier, essuya, chez son maître, à Valenciennes, une attaque d'apopléxie, dont il eut le côté droit perclus. Le maître appela pour le traiter un médecin instruit ; mais voyant, au bout de quinze jours que ce jeune homme, malgré tous les soins, et malgré des remèdes sagement administrés, ne pouvait faire usage de son bras ni de sa jambe, il le fit transporter à l'Hôtel-Dieu de la ville. Son médecin m'ayant dit qu'il avait rempli toutes les indications prescrites en pareil cas, il ne resta plus d'autres moyens, pour consoler ce malheureux, que de lui faire espérer que les eaux et les boues de St.-Amand pourraient le soulager.

Le premier juin de l'année 1783, le malade, dit Dufresnoy, me fit les plus vives instances pour m'engager à prendre pitié de son état. Touché de sa situation, je l'interrogeai sur la maladie qui avait précédé sa semiplegie ; soupçonnant qu'une humeur répercutée pourrait être la cause de sa paralysie, ce qui n'était pas, ainsi que je l'ai appris depuis. Je crus devoir saisir cette occasion d'essayer l'extrait du *rhus radicans*. Voyez le premier extrait ; mais avant de lui prescrire, j'en voulus faire l'essai sur moi-même ; je pris donc un grain d'extrait de *rhus radicans*, que je broyai dans un mortier de marbre blanc, avec une demi-once de sucre blanc, et je divisai cette poudre en douze prises. J'en pris une quatre fois le jour ; le lendemain deux , que j'ai successivement augmentée jusqu'à quatre , quatre fois le jour.

Ce remède ne m'incommodait point, et ne produisait sur moi aucun effet sensible. Je fus plus hardi , je pris un grain d'extrait sous forme de bol, que j'ai depuis augmenté jusqu'à dix par prise.

Le premier janvier , je fis prendre au malade deux grains d'extrait en bol , quatre fois le jour, à sept heures et à dix heures du matin, à quatre et à neuf heures du soir. Le 8, six prises quatre fois le jour ; le 9, dix grains ; le 10, seize grains ; le 20, vers le soir, le malade a commencé à remuer très-légèrement les doigts du pied. J'ai successivement augmenté les prises d'extrait de six grains par jour, jusqu'à ce que je fusse parvenu à la dose d'un gros par prise , dose à laquelle je me suis tenu pour le malade jusqu'à parfaite guérison. Le 14 il a levé la jambe ; le 16 il a remué les doigts de la main , et s'est tenu sur ses jambes , étant soutenu par le bras. Le 24 il a marché étant soutenu par la main ; le 27 il ôtait son bonnet de la main malade. Le 2 février, il marchait à l'aide d'un bâton ; il a toujours continué d'aller de mieux en mieux ; il me paraissait ne lui rester d'une maladie aussi grave , qu'une légère difficulté dans les mouvemens du bras malade , qu'il n'avait point avant son hemiplégie.

Observ. II. Dans le mois de mai 1782, dit Dufresnoy, j'avais été consulté par la fille d'un boucher de Valenciennes, nommée Marie Foucard ; elle était, depuis plus de deux ans et demi, attaquée d'une paralysie aux extrémités inférieures, ou *paraplexie.* Je l'avais d'abord envoyée aux eaux de Saint-Amand , dont elle revint sans être guérie. Au commencement de 1783, j'entrepris sa cure avec le *rhus radicans ;* elle-même me dit qu'avant de devenir paralytique, elle avait eu pendant six mois dans les jambes et les cuisses des engourdissemens , souvent des mouvemens convulsifs , et qui se terminaient par la paralysie des extrémités extérieures ; elle était paralysée de telle sorte , qu'elle gardait le lit depuis deux ans et demi, et qu'on ne la levait que pour la mettre dans un fauteuil, où elle restait quelquefois huit à dix heures. Quand on essayait à vouloir la soutenir sur les jambes, elles fléchissaient aussitôt sous elle. Il fallait la chausser, l'habiller et la faire soutenir par deux personnes, quand elle avait besoin d'être mise sur un pot de nuit. Les règles n'avaient point été retardées ; l'appétit avait toujours été bon, ainsi que le sommeil : enfin toutes les fonctions naturelles se sont toujours bien faites. Cette fille, naturellement gaie, n'avait jamais eu de chagrin ; elle était contente de son état, et ne connaissait point les maux de nerfs.

Les médecins et les chirurgiens qui avaient été appelés lui avaient prescrit, suivent leurs différentes façons de voir les causes de cette maladie, des saignées du bras ou du pied ; des frictions sèches, et des frictions mercurielles ; des ventouses, des bains, des linimens de toutes espèces, des purgatifs répétés tout-à-coup et des bols fondans : enfin les bains, les douches et les eaux de Saint-Amand ne produisirent pas plus d'effet que tous les remèdes précédens.

Le 4 février 1780, je lui fis prendre quatre fois dans la journée deux grains d'extrait de *rhus radicans* en forme de bol. Le 5, quatre grains également quatre fois dans la journée ; le 6, six grains. J'ai ensuite augmenté chaque jour de six grains chaque prise, jusqu'à ce que je fusse parvenu à deux gros par prise. Le 9 elle a commencé à remuer les doigts des pieds ; le 11 elle a remué les pieds ; le 14 elle les a levés du plancher, pour les poser sur un tabouret ; le 17 elle s'est tenue debout sur les jambes, qui avaient toujours jusque-là fléchi sous elle ; le 22, en se soutenant une minute sur deux béquilles, dont elle n'avait jamais ci-devant pu faire usage, elle a fait quelques pas ; le 24 elle s'est chaussée elle-même sans aucun secours ; le 26 elle a marché sur ses béquilles, et n'a plus eu besoin de son tabouret pour appuyer ses pieds ; le 28 elle a marché dans sa chambre, soutenue par un bras, et appuyée de l'autre sur des chaises que l'on avait placées de distance en distance.

Le 2 mars elle a fait le tour de sa chambre, appuyée de la main droite sur un bâton, et de l'autre sur un bras de sa sœur. Le 10 elle s'est couchée sans le secours de personne ; il en fallait deux ci-devant pour l'habiller et la mettre au lit. Le 14 elle est sortie de chez elle, à l'aide de ses béquilles, pour se promener dans la rue. Le 20 elle a marché avec beaucoup d'aisance. Le 16 avril elle s'est rendue de pied à sa paroisse, éloignée de chez elle de plus de 100 toises, pour y faire ses pâques, aidée du bras de deux de ses amies. Le 28 elle a monté, aidée seulement du bras de sa sœur, les neuf marches de l'église des Carmes-déchaussés, où elle a entendu la messe. Le 24 mars elle marcha seule et sans appui dans la maison et dans les rues, aidée d'une canne de chaque main : depuis elle a continué d'aller de mieux en mieux jusqu'au mois de juin de l'année 1784, qu'elle eut une jaunisse compliquée d'une fièvre double tierce, qui ont cédé aux remèdes ordinaires que je lui prescrivis.

Observ. III. Le curé de la paroisse de Presaux, distant d'une lieue de Valenciennes, âgé de 57 ans, et d'un tempérament robuste, fut frappé d'apoplexie le 27 avril 1785. Vers les deux heures du matin, le chirurgien du lieu lui fit prendre l'émétique après plusieurs saignées. Arrivé chez lui vers les dix heures du matin, je lui trouvai le côté droit perclus, au point qu'il lui était impossible de s'appuyer sur sa jambe, qu'il la traînait et qu'elle fléchissait toutes les fois qu'on voulait le soutenir dessus. Le bras droit entièrement immobile. Le malade parlait avec beaucoup de difficulté. Les saignées du bras et du pied, l'émétique, les purgatifs, les vésicatoires, le régime le plus austère, tout fut mis en usage, et ne produisit aucun changement.

Pénétré de douleur de se voir à son âge paralysé de la moitié du corps, il me pria, dit Dufresnoy, de consulter sur son état, et de tâcher de le mettre à

même de pouvoir du moins remplir les fonctions de
son ministère. Je lui dis que les boues de St. Amand
avaient soulagé et quelquefois guéri des paralyti-
ques, qu'il pourrait peut-être en obtenir quelque
soulagement ; mais qu'en attendant la saison des
bains, je lui conseillais de faire usage de l'extrait de
rhus radicans, que je venais d'employer avec succès
sur un jeune homme de quatorze ans, qui avait eu
comme lui une semiplégie. Il ne balança pas d'ac-
cepter l'offre que je lui faisais.

Le 21 avril il prit, trois fois le jour, six grains
d'extrait que j'ai, par gradation, augmenté par jour
de six grains jusqu'à un gros. Je l'aurais porté à une
plus forte dose, si j'en avais eu une plus grande
quantité. Le 26 il a remué, levé et porté le pied en
avant. Le 4 mai il a marché, soutenu sous les bras,
et portant le pied paralysé en avant. Le 12 mai il
marcha beaucoup mieux, mais sans éprouver le plus
petit changement dans le bras malade. Le 24 il a dit
la messe pour la première fois, et a communié six
personnes. Le 30 il a porté en avant et en arrière
le bras malade, qui lui paraissait moins pesant ; depuis quelques jours il s'appuyait sur son bras pour
se soutenir dans son lit, ce qu'il n'avait pu faire
jusqu'alors ; il marchait assez bien pour ne mettre
qu'un quart d'heure pour faire une demi-lieue de
chemin. Le 5 juillet, la jambe allait de mieux en
mieux, ainsi que la parole. Le 10, le malade crut
devoir cesser le remède, qui ne lui paraissait pas assez
promptement efficace pour mériter d'être continué.

Observ. IV. Le 7 juillet 1785, le sieur Dubois,
contrôleur de la douane de Valenciennes, âgé de 72
ans, fut frappé d'une *semiplégie* au côté droit. Cinq
jours après, malgré tous les secours qu'on lui avait
administrés, il se joignit à sa maladie une fièvre putride, qui dura vingt-un jours, avec délire sourd,
grand abattement, soif ardente, langue salé, ventre
météorisé, et un hoquet qui dura neuf jours.

Tous les remèdes n'ayant occasionné aucun changement sur le côté paralysé, je crus, dit Dufresnoy,

devoir attendre que le malade eût repris une partie de ses forces, pour lui prescrire l'extrait de *rhus radicans*. Je lui fis prendre, vers la fin du mois de février, vingt grains dudit extrait quatre fois le jour ; le matin à jeun, à onze heures, à cinq heures et à neuf heures du soir. J'ai porté ce remède jusqu'à cinq gros par prise, en augmentant chaque jour de vingt grains, le remède a chassé la paralysie ; elle occupait la moitié du corps du malade, et là privait de toute sorte de mouvemens. Toutes les fois que le D.r Dubois voulait essayer de se soutenir sur sa jambe, elle fléchissait ; il lui était également impossible de se servir de son bras ; il ne pouvait même signer son nom.

En moins de deux mois, le *rhus radicans* produisit des effets si marqués sur lui, qu'il marchait dans la maison et dans la cour de la douane sans secours ; et dans la ville, à l'aide d'une canne sans traîner la jambe.

Il ne lui est resté de sa paralysie, que la joue et l'oreille droite privées de sensibilité ; et, lorsquil écrivait, un peu moins de souplesse et d'activité dans les doigts qu'avant sa maladie. Il est mort vers la fin de juillet de la même année ; mais d'une indigestion, suite d'un excès qu'il avait fait à souper chez un de ses amis.

Observ. V. La demoiselle Rose Saint-Quentin, âgée de trente-six ans, fut, à l'âge de six ans, attaquée d'une petite-vérole confluente, à laquelle succédèrent des maux d'yeux opiniâtres, qui durèrent plusieurs années. Lorsque ces maux d'yeux cessèrent, elle ressentit un point de côté, dont elle fut incommodée jusqu'à l'âge de dix-huit ans, et qui fut remplacé par des coliques violentes, preuve évidente de la métastase de l'humeur des yeux sur le côté et le bas-ventre. Son médecin la fit saigner, en dix mois de temps, douze fois du bras et dix fois du pied, pour calmer les coliques. Après la dernière saignée du pied, il lui prit des vapeurs et des vio-

lentes crispations de nerfs, qui durèrent douze heures ; elles devinrent si violentes et si fréquentes dans
la suite, que la mort lui paraissait préférable à une
situation si cruelle.

Désolée de son état, elle se rendit à Condé pour se
mettre entre les mains d'Eustache, médecin célèbre.
Au moyen d'un régime, des bains froids, et quelquefois frappés de gelée, de l'exercice du cheval, etc.,
il parvint à dissiper presqu'entièrement les convulsions, dont elle était atteinte sur les joues ; elle avait
même peu à peu repris son embonpoint et son appétit. Dans le mois d'octobre 1774, elle fut, après une
grande frayeur, attaquée de nouveaux mouvemens
convulsifs si violens, qu'elle resta plusieurs jours
sans parole et sans connaissance : enfin, revenue de
cet état, les convulsions ne la quittèrent plus pendant dix-huit mois, et la rendirent tellement paralysée des extrémités inférieures, qu'il lui fut impossible de quitter le lit pendant près de neuf ans
consécutifs. Toutes les fois qu'on la levait pour la
changer de linge ou raccommoder son lit, il lui
prenait des convulsions qui lui faisaient perdre connaissance. Elle eut recours à Dufresnoy en 1778 ;
mais ce médecin, après s'être fait rendre compte des
remèdes qu'elle avait pris par les conseils de plusieurs
médecins de Paris, de Versailles, et des plus en ré-
putation dans la province, dit qu'il n'y avait rien à
ajouter aux moyens curatifs qu'ils avaient indiqués.
Tout avait été prévu jusqu'aux cautères : en conséquence, regardant la maladie comme incurable, il
ne lui prescrivit rien ; mais plusieurs années après,
Dufresnoy ayant fait usage sur deux malades, tels
que le perruquier et la fille Foucard, de *rhus radicans* avec assez de succès, la malade Saint-Quentin
le fit appeler. Voici comme elle se trouvait pour lors,
1°. elle n'était sortie de son lit depuis près de neuf
ans, que pour donner le temps de le refaire, et elle
avait des convulsions toutes les fois qu'on l'en reti-
rait pour la placer sur une chaise longue ; 2°. depuis
plusieurs années, elle ne mangeait plus de pain, et

ne vivait que d'une légere infusion de café, ce qui l'avait extrêmement affaiblie; 3°. le sommeil était perdu pour elle depuis long-temps; 4°. son estomac était si délabré, que depuis quatre ans elle ne pouvait plus digérer d'alimens solides; 5°. les convulsions étaient si répétées et si violentes, que l'on craignait, depuis quelque temps, d'y voir succomber la malade au moment où on s'y attendait le moins; elle était obligée, depuis plusieurs années, de rester continuellement couchée sur le dos, sur la poîtrine, seule position qu'elle fut en état de supporter, ne pouvant rester un seul moment sur l'un ou l'autre des côtés. Ce fut dans cet état, dit Dufresnoy que je me chargeai de la malade. Dans le courant de la journée du 31 octobre 1783, je lui fis prendre quatre grains du deuxième extrait, et je l'augmentai chaque jour d'un grain jusqu'à six grains par prise. Le sixième, 19 décembre, je commençai à augmenter chaque jour les prises de six grains jusqu'à ce que je sois parvenu à trois gros chaque prise, dose à laquelle je me suis toujours tenu. Le 16 décembre elle a commencé à remuer les pieds; le 24, les jambes; le 30, elle se coucha indistinctement sur les deux côtés, ce qu'elle n'avait pas fait depuis plusieurs années : enfin, le 13 janvier 1784, elle marcha de son lit à la cheminée, soutenue sous les bras. Elle et sa famille n'avaient demandé à Dufresnoy que de la mettre en état d'aller de son lit au feu, pour y être assise dans un fauteuil. Au mois de mars, malgré les convulsions moins violentes à la vérité, qu'elle eprouvait tous les jours, elle marchait dans sa chambre, avec le secours du bras de sa garde malade. Au mois d'avril, elle se promenait dans le jardin; vers la fin du même mois, elle descendait et montait les escaliers sans le secours de personne. Au mois d'août, elle se promenait dans la ville et les promenades du faubourg de Notre-Dame. Le 9 septembre, elle s'est rendue dans une maison de Valenciennes, pour y jouir du spectacle de l'ascension d'un ballon aréostatique; mais le 12

novembre

novembre suivant, comme elle aimait beaucoup la raie, elle s'en fit servir pour son dîner, et se livra avec d'autant plus de plaisir à son appétit, qu'il y avait plus de douze ans qu'elle n'avait mangé de ce poisson : elle ne fut pas long-temps à s'en repentir. Vers les quatre heures du soir, elle eut une indigestion avec des convulsions si violentes, qu'elles durèrent pendant quatre jours ; on crut même qu'elle en périrait. Revenue de cet état, elle se trouva aussi percluse des extrémités inférieures, qu'avant l'usage de l'extrait de *rhus radicans*. Dans cette position critique, je demandai, dit Dufresnoy, des conseils. Après l'avoir purgée avec des minoratifs, on lui fit prendre du musc, des fleurs de zinc, la racine de valériane, le suc dépuré de la racine de cette plante, la poudre de guttete, les extraits de jusquianne, d'aconit, de pomme épineuse, le quinquina sous plusieurs formes : enfin, on essaya de tout. Ces différens remèdes employés alternativement pendant quatre mois, ne procurèrent aucun effet. Convaincu par l'expérience de leur insuffisance, je me déterminai alors à revenir à l'extrait du *rhus radicans* de la seconde préparation. Le 12 mars 1785, je lui en prescrivis douze grains trois fois le jour, à sept heures du matin, à onze heures et à quatre heures du soir. J'ai augmenté chaque jour les prises de six grains, jusqu'à trois gros par prises. Le 20 elle a commencé à remuer les pieds ; le 23 elle alla, soutenue sous les bras, du lit à la cheminée. Le 24 avril, elle s'est promenée dans sa chambre ; le 26 elle s'est promenée dans les rues, à l'aide d'une canne et du bras de sa garde.

Les effets très-prompts de l'extrait du *rhus radicans* sur la rechute de cette maladie, prouvent évidemment que sans ce remède, elle serait encore paralysée et dans son lit, traînant la vie la plus misérable. Je crois devoir faire observer, ajoute Dufresnoy, que l'extrait du *rhus radicans* a diminué la violence des convulsions, les a même suspendues pendant plusieurs jours ; mais que, dans les varia-

D

tions de l'atmosphère, elles devenaient plus fréquentes et plus violentes, sur-tout pendant les six mois de l'hiver ; les convulsions étaient au point, que les extrémités supérieures et inférieures de la malade étaient si roides, qu'on aurait pu la prendre par les jambes et la soulever comme une pièce de bois.

Après m'être convaincu de l'inutilité des remèdes que j'avais opposé à ces convulsions, j'avais pris les mesures de les combattre, lorsqu'un heureux hasard me conduisit à découvrir le remède propre à les vaincre : c'est le narcisse des prés. (Voyez ce que nous en avons dit dans notre opuscule intitulé moyens pour *rendre* etc.) On trouvera dans la deuxième observation la continuation de celle-ci.

Un peut juger par toutes ces observations de l'efficacité du *rhus radicans*, pour la guérison des dartres, des affections dartreuses et de la paralysie des parties inférieures. M. Dufresnoy nous en a encore transmis dix-huit autres, pour prouver toujours de plus en plus le succès d'un pareil remède. Nous les omettons ici pour ne pas être trop prolixe. Mais il faut user de ce remède avec beaucoup de circonspection, ainsi, et de même que de toutes les plantes vénéneuses ; lorsqu'on brûle le bois de cet arbre et des autres arbres du même genre, il produit une fumée qui suffoque les animaux renfermés dans le même lien. On trouve dans les transactions philosophiques, un exemple communiqué par le docteur Villiers Sherad. More, qui lui fit le rapport dans une lettre écrite de la Nouvelle-Angleterre, dit, que quelques personnes ayant voulu faire du feu avec ce bois, dans leur maison, perdirent en peu de temps, l'usage de leurs membres, en devinrent stupides, de façon que si un voisin n'eût pas ouvert la porte par hasard, elles auraient toutes péri en peu de temps ; quand on a touché ce bois, on sent dans le moment même une forte démangeaison, qui oblige de se gratter, et à laquelle succéde une inflammation et une enflure. Une personne ayant eu cet accident aux jambes, elles s'ulcérèrent et coulèrent.

Plusieurs habitans de l'Amérique assurent qu'ils distinguent ce bois en touchant son écorce, qui est d'un froid excessif, et produit la même sensation que si on touchait de la glace ; mais ce qu'on rapporte de la qualité vénéneuse du *toxicodendron* regarde plus particulièrement l'espèce qu'on nomme *rhux veruix*, que celle que nous avons appelé *rhus radicans* ; cependant celui-ci n'est pas moins dangereux. Dans la Gazette salutaire se trouvent rapportées plusieurs observations sur l'effet dangereux de ce dernier, dont nous aurons occasion de parler dans la suite, et en effet le suc des deux espèces est laiteux, au moment qu'il s'échappe par les blessures ; ayant été exposé quelque temps à l'air, il devient noir, corrosif, et répand une odeur très-forte et fétide. Miller a observé en coupant une petite branche d'un de ces arbrisseaux, que la lame de la serpette étoit devenue noire où le suc avait coulé, et il n'a pu enlever cette tache qu'en faisant passer cette serpette sur la pierre.

Quoiqu'il en soit du *rhus radicans*, il n'est pas moins vrai de dire que son écorce fait des merveilles dans les maladies ci-dessus désignées. M. Vattecamp médecin à Valenciennes, dans une lettre qu'il écrit à M. Baume, médecin à Montpellier, en date du 24 février 1792, assure que c'est avec l'écorce du *rhus radicans*, que M. Pierre, médecin à Maizières, a guéri la comtesse du Han de Mezeray, qui avait résisté aux remèdes des plus célèbres médecins de Paris, de Boulogne. M. Van-Mons, secrétaire de la Société physique de Bruxelles, mande que le *rhus radicans* a opéré dans cette ville une cure plus éclatante que toutes celles rapportées par Dufresnoy ; enfin, M. le comte de Blangy, lieutenant-général des armées du roi, assure dans une lettre en date du 20 novembre 1791, qu'il vient de faire marcher un jeune homme de vingt-sept ans, paralytique depuis six ans, en lui faisant prendre l'extrait de *rhus radicans*. M. Rumpel, ancien lecteur de chirurgie et de botanique, dit avoir vu des effets si surprenans de cet extrait, qu'il ne peut s'empêcher de regarder cette découverte comme un bienfait de ce chimiste. M. Kok, médecin à Bruxelles, a prescrit avec succès l'extrait de *rhus radicans* dans l'hémiplégie et différentes maladies ; enfin, je n'aurais jamais fini, si je rapportais ici les différentes cures qui ont été opérées avec ce remède, et qui sont parvenues à la connaissance de Dufrenoy.

Observations sur les propriétés de l'Agaric délicieux et de l'Agaric poivre, *pour guérir la phtysie tuberculeuse et la vomique.*

DUFRESNOY, médecin à Valenciennes, a publié un traité sur ces deux Champignons ; l'un se nomme *délicieux*, l'autre *poivre* : nous allons d'abord les décrire.

1.° Le Champignon délicieux, *Agaricus déliciosus*, a son pétiole jaune, ferme, garni, épais de deux pouces ; son chapeau est orbiculaire, d'une forme polie, les bords s'approchant vers la pointe, et le milieu se trouvant applati. Lorsque le Champignon commence à paraître il est jaune, ou d'une couleur d'ocre, et un peu raboteux vers le bout ; souvent il est panaché de vermillon de verd ; enfin il est remarquable par des lignes concentrales, jaunes, et par des poils menus ; son diamètre est depuis deux pouces jusqu'à six ; ses lames sont un peu plus pâles, de la même couleur, jaunes ou cendrées ; sa substance est ferme et dure ; de ses lames il sort un lait doux, couleur de saffran ; la semence est odorante. Quand les lames sont à leur degré de perfection, elles mûrissent, et ne donnent plus alors de lait. Scopoli prétend que ce Champignon est bon à manger ; et même un des plus délicieux.

Schæffer appelle néanmoins ce Champignon *Agaricus venenatus*; et il regarde cette production comme un poison dangereux. Le docteur Dufresnoy ne pense pas de même ; il pense qu'elle devient un puissant spécifique , lorsqu'elle est dépouillée de sa partie vireuse,et mariéeavec l'opia tanti-tuberculeux de Pecq de la Cloture; ce docteur s'en est servi contre les maladies de poitrine, la phtysie tuberculeuse . la vomique, etc. le citoyen Hugo , chirurgien à Valenciennes , dans une lettre qu'il a écrite au professeur Baume , à Montpellier , assure avoir vu prescrire ce Champignon dans la phtysie tuberculeuse et la vomique , avec le plus grand succès ; il dit avoir suivi les maladies de madame Crandel, de son fils Hypolyte , dn caporal Cuvru et d'un grand nombre de soldats , qui n'existeraient plus sans la découverte des vertus de ce Champignon. Bullot , apothicaire de l'hôpital de Valenciennes , et Vattecamp , médecin dans cette ville , attestent aussi le même fait ; cela est extrait du Journal de médecine de Montpellier , tom. I.

Le docteur Dufresnoy a aussi fait part à MM. Coste et Villemette , d'un mémoire important sur les effets salutaires et admirables du Champignon ou Agaric délicieux et du Champignon poivré , dont il sera parlé ci-après , dans la phtysie tuberculeuse et la vomique. Il leur marque avoir été témoin de plus de trente malades , attaqués de phtysie tuberculeuse et de vomique , qui ont été guéris par leur usage , ce qui a fait dire à cet auteur que c'est un présent très-précieux , que de publier des spécifiques contre des maladies rebelles , infiniment dangereuses à l'espèce humaine , et qu'on doit savoir un gré infini à M. Dufresnoy de communiquer ainsi au public le fruit de ses recherches et de ses expériences.

".° L'Agaric poivré , *Agaricus pipratus.* Ce Champignon est plein de lait ; il y en a deux variétés. Le chapean de la première variété est convexe , applati , charnu , laiteux , ayant les bords réfléchis , coronaux ; ses lames sont pâles ; son pédicule est nud et fistulenx. Le chapeau de la deuxième variété est un peu plus plat , d'un jaune cendré , laiteux , à bords réfléchis et à tête conique ; ses lames sont livides , ou blanches , découpées par le milieu , réunies des deux côtés par le sommet ; sa tige est courte , cotoneuse et blanche.

Ce Champignon , disent les auteurs, est un des plus dangereux qu'on puisse employer parmi les alimens ; aussi le regarde-t-on comme un vrai poison. En Russie, on l'employe néanmoins comme un met alimentaire; on en sale même de grands tonneaux, pour les jours de jeûne. Cependant Borelli dit en avoir vu de mauvais effets, et Sloane rapporte que, dans les îles de l'Amérique, tous les Champignons sont vénéneux.

Voyons actuellement ce que dit M. Dufresnoy lui-même dans le mémoire qu'il a fait imprimer sur ces deux Champignons, et ce qui l'a déterminé à en faire usage ; cela date de 1785. Un de ses élèves de botanique vint lui dire qu'il avait par lors la bouche en feu, pour avoir mâché un morceau d'un Champignon qu'il avait trouvé dans les bois de Raimes, peu éloignés de Valenciennes. Cet élève présenta de ce Champignon à son maître. Le docteur Dufresnoy le reconnut pour l'*Agaricus piperatus* de Linnée. Il mit sur sa langue du suc de cette plante ; il lui parut moins acide que celui de l'*arum maculatum*, que deux anciens médecins de Valenciennes avaient employé avec succès dans les toux invétérées, pendant une pratique de près de cinquante ans.

Le docteur Dufrenoy fit ramasser , laver , sécher sur le feu, et réduisit en poudre ce Champignon ; il en goûta la poudre, et lui trouva une amertume dont il ne s'était point encore aperçu, lorsqu'il avait mâché ces Champignons fraîchement cueillis : cela l'engagea de l'essayer aussi sur lui-même, et cette poudre ne produisit aucun effet sur son estomac.

Il essaya en conséquence de marier cette même poudre avec l'opiat antituberculeux de le *Pecq de la Clôture*. Les effets que Dufresnoy obtint de l'*Agaricus piperatus* ainsi réduit en poudre et mêlé, sur passèrent les espérances de ce médecin ; ils le déterminèrent à employer le même procédé, c'est-à-dire la réduction en poudre sur les différentes autres espèces de Champignons, dont les sucs sont plus ou moins âcres et brûlans.

L'*Agaricus deliciosus* qui croît aux environs de Valenciennes, donne un suc blanc de lait et fort amer. Il y a aussi de ces Champignons à suc jaune et à suc rouge; mais le docteur Dufrenoy n'a jamais pu trouver aux environs de Valenciennes ces deux variétés, non plus que l'*Agaricus necator* de Bulliard; probablement ces variétés de Champignons doivent leurs couleurs aux différens sols qui les produisent.

L'opiat antituberculeux de le *Pecq de la Clôture* est composé d'une demi-once de conserve de roses, deux gros de blanc de baleine, autant d'yeux d'écrevisse et de souffre lessivé, incorporé avec du miel de Narbonne. Cet opiat approche beaucoup de celui du docteur Marquet, pour la phtysie.

Quoique l'opiat antituberculeux de Pecq de la Clôture ait produit de bons effets dans la phtysie tuberculeuse et la vomique, cependant un pareil opiat avec la poudre d'*Agaricus piperatus*, en devient beaucoup plus puissant et plus actif. L'*Agaricus deliciosus* à suc blanc et âcre, est supérieur en qualités à l'*Agaricus piperatus*, mais il n'est pas aus si connu.

Le docteur Dufrenoy ne dit rien des propriétés de l'*Agaricus necator* de Bulliard; il n'en a pu faire l'expérience, ne l'ayant pas trouvé aux environs de Valenciennes.

Au surplus, l'*Agaricus piperatus*, non plus que l'*Agaricus deliciosus* à suc blanc, ne sont jamais, ni l'un ni l'autre, mangés des vers. Il est néanmoins à observer que la poudre de l'*Agaricus deliciosus* à suc blanc, exposée pendant quatre mois au soleil du midi, n'a jamais été attaquée des vers, tandis que celle de l'*Agaricus piperatus*, renfermée et exposée comme la précédente, s'est trouvé remplie d'une quantité de vers.

Nous allons actuellement rapporter différentes cures opérées par ces Champignons, dont les unes concernent la vomique et les autres la phtysie tuberculeuse.

Observation première , concernant la vomique.
Hypolite Crandal, âgé de six ans, fils aîné du sub-
délégué adjoint de l'intendant de Valenciennes ,
s'était dans l'absence de sa gouvernante , amusé ,
dans le commencement du mois de février 1788 , à
piétiner sans souliers dans le ruisseau de la cour de
la maison de son père , ensuite à courir dans des ap-
partemens où des menuisiers travaillaient. Cet enfant
se heurta contre un établi de ces menuisiers avec tant
de violence , que , depuis cet accident, il se plaignit d'oppressions , accompagnées d'une toux sèche
et fort incommode.

Treize ou quatorze jours après , il éprouva des
frissons dans différens intervalles de la journée ;
et lorsqu'il toussait, il sentait une douleur plus ou
moins vive, qui s'étendait jusqu'à l'endroit de la poitrine heurté contre l'établi. Sa bouche était man-
vaise et son haleine un peu forte.

Le 24 du même mois, il fut attaqué d'une fluxion
de poitrine , qui après avoir parcouru toutes ses pé-
riodes , se termina le 7 mars suivant.

Quoique cette maladie parut terminée , le malade
continua de se plaindre des mêmes incommodités
qu'il éprouvait avant sa maladie, et qui même ne
tardèrent pas à devenir plus graves.

La respiration était de jour en jour plus difficile ,
la toux plus fatiguante , la fièvre était chaque soir
plus sensible ; les rougeurs des joues étaient plus
fortes ; les sueurs du matin affaiblissaient l'enfant et
le maigrissaient sensiblement.

Le 21 mars, il rendit beaucoup de pus par la rupture d'une vomique ; l'expectoration fut toujours
très-abondante , malgré l'usage des vulnéraires et
autres remèdes , elle jeta le malade dans un tel degré
de marasme, que vers la fin d'avril, il ne pouvait ni
rester debout, ni tenir sa tête seul, tant il se trouvait
affaibli par la grande quantité de pus qu'il rendait
tous les jours, et par une diarrhée colliquative , qui
avait exposé ses jours , au point qu'on craignit qu'il ne
pérît d'un instant à l'autre dans les bras de sa garde;les

remèdes tentés pour guérir la vomique et la diarrhée, avaient été inutiles. En réfléchissant sur les effets que j'avais obtenus, (dit le docteur Dufrenoy) dans le traitement de la phtysie tuberculeuse, de l'opiat de le Pecq de la Clôture marié avec l'*Agaricus deliciosus* à suc blanc, je crus devoir essayer de ce remède contre la vomique d'Hypolite ; je le fis aussi mettre dans des bains tièdes, préparés avec dix têtes de pavot blancs, qu'on y avait fait bouillir. Ces bains diminuèrent insensiblement la dyssenterie, et rétablirent le sommeil.

L'effet de ces remèdes surpassa nos espérances ; il fut si prompt, qu'en moins de dix jours, on s'aperçut d'un mieux, qui s'accrut de jour à autre, jusqu'à parfaite guérison. La dyssenterie arrêtée, je prescrivis l'opiat antituberculeux de Peq de la Clôture, marié avec la poudre de l'*Agaricus deliciosus* à suc blanc et le quinquina.

Prenez conserve de roses une demi-once, blanc de baleine, souffre lessivé, yeux d'écrivisses, de chacun deux gros ; *agaricus deliciosus*, et sucre blanc en poudre, un gros et demi, quinquina en poudre un gros, extrait muqueux d'opium, quatre grains ; formez un opiat avec du syrop de millefeuilles. La malade prit trois fois le jour deux scrupules de cet opiat délayé dans un peu d'eau de millefeuilles, sucrée. Je lui faisais en outre donner pour boisson, une légère infusion de millefeuilles, édulcorée avec du sucre -blanc, et aromatisée avec l'eau de fleurs d'orange.

Ces remèdes firent cesser p r degrés l'expectoration purulente, rendirent au malade l'appétit et le sommeil, dissipèrent sa fièvre, et rétablirent ses forces à un tel point, que depuis le mois de juillet de la même année 1789, il a constamment joui de la santé la plus parfaite ; ses crachats commençaient à paraître vitrés, environ six semaines avant sa guérison. Ils devinrent orangés, quatorze ou quinze jours avant son parfait rétablissement : c'est à ce signe que j'ai toujours observé comme l'annonce d une guérison certaine.

Observ. II. La mère de l'enfant dont je viens de

parler, continue M. Dufresnoy, était enceinte de six mois, lorsqu'elle tomba malade. Malgré sa situation, elle se fit un devoir de ne point le quitter pendant tout le temps de sa maladie, et de lui donner elle-même ses soins ; elle ne tarda pas à devenir la victime de l'amour maternel. L'excès de ses fatigues occasionna une fluxion de poitrine inflammatoire, qui, dans les trois premiers jours, exigea cinq sáignées. Le quatrième jour elle accoucha ; son nouveau-né ne vécut que vingt-quatre heures. Les lochies qui s'établirent abondamment supprimèrent l'expectoration qui était fort abondante. Il survint, quelques jours après la suppression de cette expectoration, des frissons dans la nuit, de la fièvre, des sueurs, de l'oppression et de la rougeur aux joues, avec l'haleine forte.

Le 2 avril 1788, elle rendit douze onces de pus. La grande suppuration, que fournissait tous les jours la vomique, jointe aux sueurs colliquatives, la jetèrent dans le marasme le plus complet, et firent craindre pour ses jours.

La seconde eau de chaux, prise matin et soir, avec un tiers de bon lait de vache, l'infusion de mille-feuiles et de scolopendre, l'opiat de le Pecq, marié avec le quinquina, la poudre d'*agaricus deliciosus* à snc blanc, et l'extrait muqueux d'opium, quand il fallait calmer la toux, rétablirent peu à peu le sommeil, l'appétit et les forces. Enfin, au mois de juillet de la même année, cette mère tendre se trouva guérie parfaitement, et depuis ce temps elle n'a point cessé de jouir de la santé la plus parfaite.

Observ. III. Le nommé Cuvreux, grenadier au régiment d'Orléans, compagnie de Vauban, fut transporté le 4 janvier 1789, à l'infirmerie du régiment, pour une fluxion de poitrine, dont il était attaqué. Le chirurgien du régiment lui prescrivit quatre grains d'émétique : l'état du malade se trouva tellement empiré par ce remède, que ses camarades qui craignaient de le perdre, le transportèrent à l'hôpital de Valenciennes le 7 du même mois.

A son arrivée, je lui trouvai le poulx très-tendu, plein et dur, et la respiration très-laborieuse. Il avait un point de côté violent, et rendait des crachats plus que sanguinolans Depuis que ses poumons avaient été travaillés par l'émétique, il était dans un tel accablement, qu'il avait peine à répondre aux questions qu'on lui faisait.

Dès le premier jour de son entrée à l'hôpital, je le fis saigner cinq fois. La violence de la maladie s'arrêta, et se termina par la rupture d'une vomique ; la fièvre lente, les sueurs colliquatives et l'expectoration furent si considérables, qu'elles le firent tomber dans le marasme.

La seconde eau de chaux, préparée avec l'infusion de feuilles de millefeuilles, coupées avec le lait ; l'infusion de millefeuilles pour tisane, et l'opiat de le Pecq, marié avec l'*agaricus deliciosus*, les pilules de Morton, et l'extrait muqueux d'opium, quand la toux l'exigeait, rétablirent peu à peu le malade, au grand étonnement des officiers du régiment, des religieuses hospitalières et des officiers de santé : depuis il a constamment joui de la meilleure santé.

Observ. IV. Madame Cambier du Grand-Wargnie, quoiqu'âgée de quatre-vingt-quatorze ans, jouissait d'une trop bonne santé pour qu'on pût croire qu'un rhume dût l'occuper. Depuis quelques temps elle était oppressée ; quelquefois elle avait de longs frissons et des accès de fièvre, avec une toux fatigante.

Le 10 décembre 1790, il lui prit un point de côté, avec une fièvre violente et beaucoup d'altération ; ses crachats étaient sanieux et purulens. La malade rendit, le cinquième jour de sa maladie, un verre de pus, qui fit cesser la fièvre continue, pour reparaître néanmoins tous les soirs.

Je lui prescrivis l'infusion de millefeuilles, l'opiat dont j'ai parlé dans la première observation, et une demi-once de quinquina, deux fois le jour.

Ce remède a détergé la vomique, et fait cesser

tous les accidens. Elle a joui de sa première santé, malgré son très-grand âge, jusqu'après le bombardement de Valenciennes, qui l'a conduite au tombeau.

Observ. V. M. Delannay, maître couvreur, âgé de trente-quatre ans, d'un tempérament sanguin, puissant et robuste, me fit appeler le 22 décembre 1788, pour le traiter d'une vomique ouverte depuis quelques jours.

Cette maladie était survenue à la suite d'un rhume qu'il avait gagné après s'être échauffé par un voyage de pied, dans un temps froid et pluvieux, et qu'il avait négligé.

Le pus qu'il rendait était sanieux et si fétide, qu'il n'était pas possible de rester trois minutes de suite dans l'alcove où il couchait. Il avait tous les les soirs de la fièvre et de l'oppression ; il manquait de force et d'appétit. Je lui prescrivis une infusion de millefeuilles mêlée avec l'opiat ci-dessus décrit ; et j'ai traité la toux qui le fatiguait avec les pilules d'Ætius. Sa maladie s'est terminée en six semaines, et depuis sa santé n'a plus souffert d'altération.

Les pilules d'Ætius se préparent ainsi : prenez du styrax jaune, de poivre blanc en poudre, de la myrrhe choisie, du castoreum, du galbanum choisi, de l'opium, de chaque vingt grains ; mêlez le tout avec le styrax et le galbanum, pour en former, selon l'art, des pilules de la grosseur d'une lentille, au nombre de 50 pilules On donne aux malades depuis trois jusqu'à cinq, en le mettant au lit sur les huit ou neuf heures, et par-dessus une tasse de tisane chaude.

Observ. VI. M. Carrez père, négociant, âgé de cinquante-deux ans et d'un tempérament sanguin, me fit appeler le 28 juin 1790, pour le traiter d'une fluxion de poitrine survenue à la suite d'un rhume trop long-temps négligé. Cette maladie s'est terminée par les saignées, les infusions pectorales, etc., indiquées en pareil cas.

Quatre jours après la terminaison de la maladie,

il s'ouvrit une vomique , et le malade rendit beaucoup de pus. Il avait tous les jours de la fièvre , une toux fatigante, peu de sommeil , point d'appétit et beaucoup de faiblesse. Je lui prescrivis l'infusion de millefeuilles, édulcoré avec du sucre blanc , et l'opiat à la dose d'un gros et demi trois fois par jour.

Ces remèdes, avec quelques minoratifs et du régime , sans lequel on ne guérit pas , ont terminé cette maladie dans les premiers jours de septembre , sans qu'il y en ait eu depuis le plus léger ressentiment.

Observ. VII. Pierre Poteau, charpentier des mines de charbon d'Anzin , âgé de dix-neuf ans , me fit prier , le 9 juillet 1790, de le traiter d'une fièvre putride, dont il était attaqué , et qui régnait épidémiquement dans le lieu de son habitation.

Quelque temps après sa convalescence, il eut l'imprudence de vouloir essayer ses forces; il courut dans les champs, en revint tout suant ; et pour être plus promptement rafraîchi , il se plaça entre deux airs dans une chambre exposée au nord , dont le vent soufflait pour lors.

La transpiration supprimée lui causa une véritable pleurésie, avec un point de côté fort aigu. Dans la crainte qu'on ne le fît saigner , il ne voulut voir personne , et cette seconde maladie s'est terminée le dix-septième jour de sa pleurésie, par la rupture d'une vomique qui lui fit rendre beaucoup de pus , et l'a mis dans le plus grand danger , par les faiblesses qui suivirent son évacuation. Tel était l'état de cette faiblesse , qu'elle faisait craindre à chaque instant qu'il n'expirât dans les mains de ses sœurs qui le gardaient.

Je le mis au régime restaurant , et lui prescrivis pour remède l'infusion de millefeuilles et quatre scrupules de l'opiat ci-dessus, sans quinquina et sans extrait muqueux d'opium, que j'ai remplacé par les pilules d'Ætius. J'ai dissipé les tumeurs colliquatives qui l'affaiblissaient à un point étonnant,

avec la seconde eau de chaux , préparée avec l'infusion de millefeuilles.

Ces remèdes firent cesser la fièvre lente et la toux
qui le fatiguait jour et nuit , et rétablirent le sommeil, l'appétit et les forces : enfin, ce jeune homme
retourna le 10 décembre à son attelier , et depuis il a
repris sa santé avec sa force.

Telles sont les observations rapportées par Dufresnoy , pour la guérison de la vomique par l'*agaricus deliciosus*. Voyons actuellement celles qu'il
nous a transmises pour la guérison de la phtysie tuberculeuse.

Observ. I. Un maître cordonnier, nommé Lemaire,
âgé de soixante-quatre ans, me fit appeler le 8 octobre 1787. Il avait la poitrine malade depuis plus
de deux ans , pour avoir négligé les différens rhumes
qu'il avait pris en sortant dans les froids les plus ri-
goureux et sans précaution , de sa chambre de travail , toujours trop échauffée par un poële allumé
dès le matin.

Il se trouvait dans un état continuel de moiteur ,
qui cessait toutes les fois qu'il sortait pour vaquer à
ses affaires. L'humeur de la transpiration , en se
supprimant , se portait sur les poumons , où elle
avait formé des tubercules qui , par leur fréquente
suppuration , avaient jeté le malade dans la fièvre
lente et le marasme. Les crachats qu'il rendait étaient
si fétides , qu'il fallait tenir la porte de la chambre
dans laquelle il couchait , ouverte toute la nuit.

Son état me parut si désespéré, que je ne le jugeai
pas d'abord susceptible de guérison : cependant , je
lui prescrivis pour le lendemain de cette première
visite un minoratif. Le surlendemain je lui ordonnai
l'opiat ci-dessus , à la dose de deux gros par prise
trois fois le jour , avec trois pilules d'Ætius , tous
les soirs en se couchant.

Je faisais infuser deux pincées de millefeuilles et
autant de feuilles de sauge , dans une livre de seconde eau de chaux , qu'il coupait avec deux onces

de lait, et divisait en deux prises ; une pour le matin et l'autre pour le soir.

Le 17 janvier suivant, les crachats commencèrent à devenir vitrés ; ce changement me parut l'avant-coureur d'une guérison prochaine. Le 10 février, les crachats devinrent de couleur d'orange ; marque d'une guérison certaine : ainsi que je l'ai remarqué, dit Dufresnoy, sur plus de soixante personnes traitées de la même maladie.

Le malade, en trois mois de temps, s'est trouvé guéri parfaitement ; il n'a point éprouvé de rechute, parce qu'il a cessé de se tenir dans sa chambre de travail.

Observ. II. La demoiselle Lefébvre, âgée de quarante-huit ans, et d'un embonpoint considérable, avait des vapeurs qui l'obligeaient de quitter souvent son appartement échauffé par le feu ardent du charbon de terre, pour aller respirer l'air froid de la cour.

Ce passage fréquent du chaud au froid lui causa des rhumes qui, par son insouciance, dégénérèrent en tubercules aux poumons, et qui là jetaient toutes les fois qu'ils s'annonçaient, dans la plus sombre mélancolie. Il y avait près de deux mois qu'elle était dans cet état, quand elle prit le parti de s'occuper sérieusement de sa santé ; en conséquence, le 12 mai, dit Dufresnoy, elle me pria d'examiner les crachats qu'elle expectorait depuis quelque temps ; ils étaient sanieux ; elle avait de la fièvre tous les soirs, des sueurs vers les quatre heures du matin, et des accès de toux qui la fatiguaient considérablement ; elle était presqu'entièrement privée de sommeil et d'appétit. Après l'évacuation des premières voies, je lui prescrivis l'opiat. Elle fit usage aussi des pilules d'Ætius, quatre fois le jour ; une pilule le matin, une autre à onze heures ou midi, et la dernière en se couchant, vers les neuf heures du soir. Avec ces remèdes, elle recouvra son embonpoint et sa santé.

Observ. III. Madame Augustine, religieuse bergitine de Valenciennes, âgée de trente-six ans, et

d'une complexion très-faible, remplissait les devoirs
de son état avec une exactitude si scrupuleuse, que,
quelque fortement enrhumée qu'elle fût, elle ne
manquait jamais de se lever à trois heures du matin, pour aller chanter *Matines*. Ses amies et les
personnes qui s'intéressaient à elle, lui représentè-
rent en vain, que l'état de sa santé la dispensait de ce
devoir. Elle s'aperçut bientôt qu'elle avait eu tort de
ne pas écouter leurs avis. Le 24 mai, son abbesse
me pria de lui donner mes soins. Elle crachait depuis quelque temps du pus sanieux, provenant de
quelques tubercules ouverts. Tous les soirs elle avait
la fièvre, qui durait une partie de la nuit, et se
terminait vers les quatre heures du matin, par des
sueurs plus ou moins abondantes, qui la jetèrent
dans le marasme, avec perte de l'appétit. Je lui
prescrivis un minoratif, et le 26 elle commença
l'usage de l'opiat de le Pecq, avec l'*agaricus delicio-*
sus, et l'extrait muqueux d'*opium*. Ces remèdes ter-
minèrent heureusement sa maladie dans l'espace de
moins de trois mois. Au mois de mai 1790, cette
religieuse eut un rhume qu'elle négligea et qui se
termina par l'ouverture d'un tubercule. Je lui fis
prendre les mêmes remèdes, qui lui rendirent, pour
la seconde fois, la santé.

Observ. IV. Madame Brochon mère, marchande
de toiles à Valenciennes, était obligée, par la nature
de son commerce, de se tenir dans son magasin sans
feu, même pendant l'hiver, parce qu'on prétend
que la chaleur nuit à l'apprêt des toiles nommées
batistes et linons.

Tous les hivers elle gagnait des rhumes qu'elle
négligeait pour ne pas dérober à son commerce les
instans qu'elle aurait été dans le cas de consacrer au
soin de sa santé. Ces rhumes négligés dégénérèrent
en tubercules aux poumons ; pendant l'epace de six
ans, elle avait souvent été sujette à des oppressions,
à des mouvemens de fièvres, qui disparaissaient
après l'ouverture des tubercules. Un régime sévère
qu'elle s'imposait toujours, quand elle était indis-

posée :

posée : des infusions vulnéraires et des minoratifs étaient les seuls remèdes qu'elle employait toutes les fois que les tubercules reparaissaient.

Au commencement de mars, elle fut attaquée d'une fluxion de poitrine, qui, par mes soins, se termina le 17 du même mois ; mais le 26 elle rendit, par l'ouverture de nouveaux tubercules, deux cuillerées de pus, d'une fétidité insupportable, qui lui causèrent d'autant plus d'inquiétude, qu'elle avait tous les soirs une fièvre lente, de la toux et des sueurs abondantes tous les matins, qui la jetaient dans le marasme.

En réfléchissant sur ces symptômes affligeans, je crus devoir prescrire à la malade la seconde eau de chaux, préparée avec la millefeuille et la sauge, et coupée avec le lait, pour arrêter les sueurs ; ce remède réussit parfaitement : ensuite je lui prescrivis les pilules qu'Ætius recommande dans les toux invétérées, et l'opiat suivant la formule décrite dans l'ouvrage de le Pecq, et dont nous avons parlé ci-dessus. L'usage non interrompu de ces remèdes jusqu'au 4 mai suivant, a entièrement rétabli la santé de madame Brohon.

Observ. V. Madame ***, née de parens sages, sains et robustes, jouissait d'une santé brillante, qu'elle croyait à toute épreuve ; peu sensible au froid, elle était toujours vêtue d'étoffes légères, même pendant l'hiver ; elle sortait de son appartément, dans lequel il y avait plus souvent grand feu, pour passer dans des pièces froides ; elle attrapait de violens rhumes, et ne s'en occupait pas. L'humeur de la transpiration insensible, trop souvent supprimée, se porta sur ses poumons, y forma des tubercules qui, par leur suppuration, la forcèrent enfin de soigner sa santé, totalement délabrée. Cette dame, âgée de vingt-neuf ans, me fit demander le 25 mai 1780, pour lui donner mes soins. (C'est toujours le docteur Dufresnoy qui parle). Elle rendait, depuis plusieurs mois, des crachats purulens et quelquefois légèrement sanguinolens ; elle avait une toux qui la

E

fatiguait beaucoup. Après lui avoir représenté les dangers dont elle était menacée, et la nécessité d'y pourvoir promptement, je lui prescrivis deux fois le jour un gros de l'opiat de le Pecq, marié avec l'*agaricus deliciosus*, et quatre pilules d'Ætius, le soir en se couchant. Vers la fin de juillet, elle se trouva parfaitement guérie.

Observ. VI. Dom Gerard Gaudelin, religieux de l'abbaye de Saint-Saulve, éloignée d'une demi-lieue de Valenciennes, ne manquait jamais, quelque temps qu'il fît, de venir tous les jours à Valenciennes, pour assister aux offices de la collégiale deSaint-Méry.

Ce zèle lui procurait souvent des rhumes qu'il négligeait et qui lui causèrent aux poumons des tubercules, qui se manifestaient par des crachats fétides. Inquiet de ses crachats, il me fit prier, le 7 avril 1785, de l'aller voir. Je trouvai ses crachats sanieux, purulens et fétides. Tous les soirs il avait un peu de fièvre ; sa toux l'empêchait de dormir ; il n'avait presque point d'appétit, et maigrissait depuis quelque temps. Je lui prescrivis pour le lendemain un minoratif, et le surlendemain l'opiat avec l'*agaricus deliciosus*, et l'extrait muqueux d'opium. Ces remèdes, continués jusqu'au 29 mai, lui rendirent la santé.

Notice sur l'Agaric à Mouches, sur ses propriétés découvertes par Jean-Chrétien Bernhard, pour guérir les paroxismes d'épilepsie, les convulsions et le tremblement des jointures, en faisant usage intérieurement de sa poudre, et pour dissiper les glandes endurcies, les tumeurs, les ulcères, les fistules et les taches de la cornée, en l'appliquant extérieurement.

Le champignon à mouches, *Agaricus muscarius*,

Agaricus stipitatus , lamellis dimidiatis solitariis , stipite volvato , apice dilatato , basi ovato ; Linn. flo. suec. 449 , *édit.* 2 , a son chapeau ample, un peu plat ; le plus souvent rouge couvert de verrues anguleuses et assez éloignées les unes des autres ; ses lames sont plates , lancéolées , la plupart entières, quelques-unes partagées par moitié , très-obtuses, n'ayant pas de latérales plus petites , ce qui caractérise cette espèce , le pédicule est cylindrique, creux , bulbeux , variqueux à la base, dilaté au sommet ; la valve est au milieu du pédicule , est relâchée et suspendue. Ce champignon est représenté dans Michieli, pl. 28, fig. 1, 2 ; dans Schæffer, pl. 27 et 28, et dans Sterbeck, pl. 22, A. On le rencontre communément dans les prés et les forêts ; son chapeau, qui est tantôt blanc , tantôt rouge , tantôt safrané et variqueux , en constitue différentes variétés ; brisé dans l'eau , il étourdit les mouches plutôt qu'il ne les tue ; si on en insère dans les fentes ou bois de lit où se trouvent des punaises , on parvient à les détruire radicalement et en peu de temps.

Ce champignon est âcre , on ne peut pas en manger sans danger ; six Portugais ont péri pour en avoir mangé , et à Kamtschata , il a occasionné des délires funestes ; trois ou quatre de ces champignons ne font qu'une petite dose , mais dix enivrent ; cependant les Russes l'admettent parmi leurs alimens. On prépare à Kamtschata , avec ce champignon et la plante connue sous le nom d'*epilobium difforme* , une liqueur qui , prise en petite quantité , donne de la force , empêche les nerfs de trembler , et enivre les hommes , tantôt tristement , tantôt gaiement ; l'urine qu'on rend après avoir mangé ce champignon, enivre pareillement ; cependant ce champignon , qui a occasionné la mort à six Portugais, qui trouble la raison et qui enivre , qui écarte les mouches par son acrimonie et par sa puanteur, d'où lui est venu son nom trivial , et qui éloigne même les punaises , est devenu , entre les mains de Jean-Chrétien Bernhard, au rapport de M. Coste et Villemctte, un excellent médicament contre plusieurs maladies ; on fait, pour cet effet la récolte de ce champignon lorsqu'il est adolescent, un peu avant la fin de l'été ou au commencement de l'automne ; on le nettoie, on l'enfile, et on l'expose à un air sec ou au four, pour le dessécher parfaitement ; on le pulvérise ensuite, on renferme cette poudre et on la garde dans un endroit chaud et sec pour s'en servir au besoin. Cette poudre, ainsi préparée et conservée est efficace pour adoucir les paroxismes de l'épilepsie, les convulsions et le tremblement des jointures ; on en prescrit la dose depuis un demi-scrupule jusqu'à un demi-gros, qu'on delaye dans de l'eau, ce qu'on réitère trois fois par jour, ou bien on en fait prendre deux fois par jour un gros dans de l'eau et du vinaigre. Cette poudre est encore efficace à l'intérieur ; on l'applique sur les glandes endurcies, les tumeurs, les ulcères, les fistules, les taches de la cornée; elle dissipe totalement ces maux, mais il faut en user en même temps à l'intérieur ; elle occasionne la liberté du ventre.

Notice sur la Clematite vulgaire, Clematis vitalba, *qui toute suspecte qu'elle paraisse, ne laisse pas de fournir un remède spécifique dans les affections rhumatismales opiniâtres et dans les affections syphilitiques.*

Cette plante connue sous le nom *d'herbe aux gueux*, est escarotique ; les mendians s'en servent pour se former des ulcères aux jambes et aux bras, afin d'exciter la compassion, et ils se guérissent ensuite avec des feuilles de poirée. Sa racine est purgative, mais sa grande âcreté fait qu'on ne l'emploie jamais intérieurement, malgré les correctifs qu'on pourrait y ajouter. Les anciens se sont néanmoins servi de cette plante ; ils en prescrivaient la semence pour purger, évacuer la bile et la pituite. Si on en croit Chesneau, ses feuilles broyées et appliquées sur les pieds des goutteux, leur étaient d'un grand secours pour leur soulagement ; elles faisaient sur eux l'office de vésicatoire. Dans les îles Hybrides on emploie de même ses feuilles pour remédier aux douleurs de tête et à celles des membres ; les habitans de ces mêmes contrées s'en servent pour se purger malgré leur grande âcreté ; mais pour lors ils ont soin d'avaler beaucoup de beurre, ils se prémunissent par-là contre les effets de cette âcreté, qui est d'autant plus forte, qu'elle passe jusques dans l'eau qu'on en distille ; aussi se sert-on avec avantage de cette eau dans les cas où la circulation se fait avec trop de lenteur. Quand on veut se servir des feuilles de cette plante, il faut en faire la récolte avant la floraison, après quoi on les fait sécher à l'ombre et on les conserve dans un endroit sec ; on ne leur remarque aucune odeur. Muller a publié une monographie sur la Clématite vulgaire ; il en a analysé les feuilles et les racines ; il en a tiré une eau distillée âcre, assez semblable à celle qu'on retire de la coquelourde pulsatille. Dans notre *Traitement efficace des maladies vénériennes, par différentes espèces de végétaux*, nous avons rapporté que plusieurs affections syphilitiques qui avaient résisté au mercure, ont été guéries avec le simple usage théiforme des feuilles de cette plante ; une pareille infusion, pourvu qu'elle soit continuée pendant quelques semaines, a pareillement réussi dans les affections rhumatismales, opiniâtres et invétérées.

Quoique cette plante soit placée par la plupart des botanistes parmi les plantes suspectes, cela n'empêche pas dans plusieurs pays d'en manger les jeunes pousses en salade ; Pallas rapporte qu'il se trouve en Sibérie une Clématite à six pétales, bien différente de la nôtre ; le peuple en ramasse non-seulement pour en manger en salade, mais encore pour en user en guise de thé.

La Clématite vulgaire cuite dans l'huile, s'emploie avec succès extérieurement contre la galle. Les paysans de la Provence se servent de cette même plante sèche, pour guérir par l'éternuement la morve des chevaux, des mulets et des ânes; ils mettent l'herbe sèche au fond d'un sac, ils y renferment la tête de l'animal en attachant le sac par-dessus, cela le fait éternuer et lui procure un flux de morve considérable.

Notice sur l'If, reconnu depuis peu comme un excellent remède contre les rhumatismes invétérés, contre la fièvre intermittente et l'épilepsie.

La diversité des opinions des auteurs qui ont écrit sur l'If, annonce que cet arbre, qui passe pour vénéneux, ne l'est pas également partout; mais qu'il faut néanmoins s'en défier; les uns disent que le suc exprimé de ces jeunes pousses et ses fruits sont un poison mortel pour l'homme; que l'odeur seule qui s'en exhale quand il est en fleur ou lorsqu'on le taille, est vénéneuse, et que l'amande que contient chaque fruit est purgative; les autres assurent au contraire que ses fruits n'ont rien de dangereux pour l'homme, et en effet nous en avons beaucoup mangé dans notre jeunesse sans nous ressentir d'aucun mauvais effet, que la décoction des feuilles d'Ifs procurent une sueur abondante sans causer d'accidens; que l'odeur qui s'en exhale lorsqu'on le taille ou lorsqu'il est en fleurs est innocente, et qu'il doit même être plutôt regardé comme une plante salutaire que comme une plante vénéneuse. Percival a publié, dans notre *Nature considérée*, année 1779, tome second, l'observation suivante, qui n'est pas en faveur de l'If. Le 25 mars 1774, les enfans d'un labou- reur près de Manchester, périrent pour avoir mangé chacun une petite quantité de feuilles d'Ifs; le plus

âgé de ces enfans avait cinq ans, le second quatre
et le plus jeune trois ; on les soupçonna d'être attaqués de vers , et c'était pour les en délivrer qu'on
avait conseillé l'usage de ce poison On avait d'abord
essayé les feuilles seules, dont on en avait mêlé une
cuillerée avec de la cassonade ; cette dose avait été
partagée également entre les trois enfans sans qu'il
en fût résulté aucun effet sensible.

Deux jours après leur mère cueillit des feuilles ré-
centes et les fit prendre à ses enfans à la même dose
que les sèches , vers sept heures du matin ; à huit
heures ils mangèrent pour déjeûner une espèce de po-
tage fait avec de la farine d'avoine et de jeunes or-
ties ; une heure après ils sentirent du malaise , ils se
plaignirent d'avoir froid, ils devinrent accablés et in
dolens, baillèrent beaucoup; l'aîné vomit, mais peu de
chose, et souffrit des tranchées, les deux autres ne se
p'aignirent de rien. Le second enfant mourut à dix
heures, le plus jeune à une heure, et l'aîné à deux heures après midi ; ils ne parurent éprouver aucune espèce d'agonie , et après leur mort ils semblaient
dormir du sommeil le plus tranquille. Percival tient
ces particularités des parens mêmes de ces malheu-
reuses victimes de l'ignorance, qui pourtant auraient
été sauvées si, au lieu de combattre l'activité du
poison avec des remèdes de bonnes femmes , on lui
eût opposé un traitement bien approprié. Cette observation détruit entièrement l'assertion de Brocks,
qui dans son Histoire naturelle prétend que l'If n'est
pas vénéneux. Ce poison doit agir ou comme âcre
ou comme stupéfiant ; si on croit qu'il agit sur
l'homme comme âcre , on aura recours aux laiteux,
mucilagineux et huileux ; mais s'il agit comme stupéfiant, il faudra employer les acides avec le verjus,
des lavemens faits avec des eaux acidulées, et dès le
premier instant les vomitifs.

En 1753 on s'est apperçu, à Bois-le-Duc en Hol-
lande , de l'effet funeste de cet arbre sur les chevaux.
Il en était entré plusieurs dans un verger de cette

ville ; ils mangèrent des branches d'Ifs, et quatre heures après, sans aucun autre symptôme que des convulsions qui durèrent une ou deux minutes, ils tombèrent morts les uns après les autres.

Jules-César, dans ses Commentaires, dit que Cativulus, roi des Eberoniens, s'empoisonna avec le suc d'If ; le P. Schott, jésuite, assure que si on jette de l'If dans de l'eau dormante, les poissons en sont tous étourdis, de sorte qu'on peut les prendre à la main. Claudius Drusus avait fait publier dans Rome que le suc d'If était le vrai antidote de la vipère ; nos anciens médecins se servaient souvent d'un venin pour en combattre un autre.

J. Bauhin a observé la vertu narcotique de l'If sur les bestiaux ; il cite, dans son Histoire des plantes, le fait d'un âne mort subitement pour avoir mangé de l'If. Villars, botaniste de Grenoble, rapporte qu'un de ses chevaux qui avait brouté quelques brins d'If à la montagne, tomba mort au bout de deux heures, sans éprouver aucun symptôme apparent. Beaudin et Henon, de l'école vétérinaire de Lyon, ont fait manger six onces de feuilles d'If à un cheval, il tomba mort sans convulsion une heure après ; la même dose donnée à un mulet qui avait mangé du foin, ne produisit aucun symptôme pendant quatre heures, si on en excepte l'évacuation et l'éjaculation ; après cinq heures, l'animal tomba mort sans éprouver ni convulsion ni météorisme ; on en fit l'ouverture, les feuilles d'If se trouvèrent mêlées dans le ventricule avec le foin ; elles avaient encore leur forme et leur couleur ; on apperçut sur les intestins grèles quelques taches ou échymoses de la grandeur de l'ongle ; un autre cheval, soumis à la même épreuve, mangea une double dose de feuilles d'If sans subir la mort.

On lit dans l'ancienne Encyclopédie, au mot If, que des animaux ont mangé sans aucun inconvénient des fruits de cet arbre ; quelques oiseaux en font aussi leur nourriture ; en Angleterre on donne de ces mêmes fruits aux pourceaux. Au rapport de Le-

bel , un particulier de Montbard en Bourgogne,
ayant conduit sur un âne des plantes au Jardin du
Roi, lit-on dans la même Encyclopédie, au mois
de septembre 1757, attacha son âne dans une ar-
rière-cour où il y avait une palissade d'Ifs ; pendant que le conducteur s'occupait à transplanter les
plantes qu'il apportait, l'animal qui était pressé de
la faim brouta des racines d'Ifs qui étaient à sa portée, et lorsque le conducteur revint prendre l'âne
pour le mettre à l'écurie, il le vit tomber par terre
et mourir subitement. Huzard, vétérinaire, dit avoir
appris pendant son séjour en Allemagne, qu'un dé-
tachement de l'armée de Sambre et de Meuse, y
avait perdu quelques chevaux pour y avoir brouté
de l'If pendant la nuit, le long d'une haie à laquelle
ils étaient attachés. Suivant les expériences et les
observations de Viborg, danois, qu'il serait trop
long de rapporter ici, il paraît démontré que l'If est
un poison violent et mortel pour les animaux, quand
on le leur donne seul ; mais il est à remarquer que
ce poison perd toute sa force par un mélange avec
d'autres fourrages, et qu'on pourrait, en augmentant successivement la dose, amener peu-à-peu les
animaux à le manger seul.

Malgré les qualités délétères que nous avons rapportées de l'If, tant sur l'homme que sur les animaux, cela n'a pas empêché M. Gatereau, médecin
à Montauban, d'en recommander l'usage pour la
cure de différentes maladies, après avoir dit que
l'opinion des anciens et des modernes sur la nature
de l'If était erronée, il ajoute que cette plante peut
devenir d'un grand secours même dans la médecine ;
d'après ses expériences, ce médecin a observé que
l'extrait d'If, à petite dose, agit sur les nerfs, principalement sur ceux de l'estomac, et qu'à plus forte
dose il pousse par les selles ; il en conclut que cet
extrait peut devenir utile pour dissiper les engor-
gemens glanduleux et lymphatiques, que son usage
peut être dirigé contre les écrouelles, les cancers,

les fluxions rhumatismes invétérées, et pour le prouver, il rapporte le cas suivant :

Un homme âgé de quarante-six ans, d'un tempérament bilieux et sanguin, avait depuis deux ans une humeur rhumatismale fixée aux épaules ; il ne pouvait exécuter aucun mouvement du bras gauche, et était forcé de garder le lit depuis plus de six mois; n'ayant obtenu aucun effet des saignées ; des purgatifs, des fondans, des vessicatoires, etc., je lui administrai l'extrait d'If, d'abord à la dose de trois grains, augmentant insensiblement, dans l'espace de quatre jours, jusqu'à sept grains ; les premières pilules excitèrent la secrétion de la salive ; le malade crachait beaucoup plus que de coutume, et la salive était exactement gluante vers la fin ; elles le purgèrent doucement pendant quelques jours. Le malade en retira de si bons effets, qu'après les quatre jours il a été à même de revenir à son travail, qu'il avait abandonné depuis le commencement de sa maladie.

Harmand de Montgarny, médecin à Verdun, s'est servi avec succès de l'If en extrait aqueux et vineux, de la poudre, des feuilles, de l'écorce et de l'infusion de la même écorce contre les fièvres intermittentes, l'épilepsie, les affections rhumatismales et âcres.

Nous ne rapportons ici ces observations que d'après la *matière médicale indigène de Coste et de Villemette*, nous nous garderons bien ici de conseiller l'usage de cette plante ; dans des doutes aussi contraires sur ses vertus, elle ne doit être employée que par des mains habiles, en état de combattre les accidens qu'elle pourrait peut-être nous occasionner ; il vaut mieux négliger un remède, que d'en employer un plus dangereux que la maladie même.

Observations sur la Cardinale des marais, et sur ses propriétés vénéneuses.

Bonté, médecin à Coutances, rapporte, dans la

quinzième feuille de la gazette salutaire de 1761, que dans l'automne de 1760, les fièvres intermittentes étant très-communes dans quelques paroisses voisines de la mer, quelques paysans se sont servis de la Cardinale de marais, *lobelia urens*, à titre de remède, soit par méprise, en la confondant avec la petite centaurée, avec laquelle elle a quelque rapport, et parce qu'elle croît dans les mêmes lieux, soit par le besoin, qui enhardit à des épreuves dangereuses, la plupart ont employé les tiges et les feuilles infusées dans du cidre, cette infusion a procuré à tous des vomissemens et beaucoup d'évacuations par les selles, qui à la vérité ont emporté la fièvre; mais un grand nombre, continue-t il, ont payé cher l'usage téméraire de ce médicament, en éprouvant des douleurs cruelles de colique, des superpurgations, des anxiétés, des spasmes et même des convulsions. Le lait, les huileux, les lavemens mucilagineux et anodins, la thériaque, ont calmé ces accidens. Les pernicieux effets dont nous venons de faire mention, doivent-ils donc faire proscrire entièrement cette plante de l'usage médicinal ? c'est la réflexion de M. Bonté; ne serait-il pas possible de les réprimer, soit en diminuant sa dose, soit en corrigeant son acrimonie, ou par divers mélanges, ou par des infusions dans des liqueurs plus appropriées? des expériences faites avec circonspection, pourraient conduire à la découverte d'un remède purgatif et fébrifuge qui aurait des avantages réels, et pourrait devenir dans la suite utile à la société.

Observations sur les effets médecinaux d'une plante employée à la place de panais aquatique, extrait d'une lettre de Richard Pultenay, docteur en médecine.

L'AUTEUR de cette lettre suppose que la plante qu'on a prise pour le panais aquatique est l'*Œnan-*

the crocata, Linné. Nous allons rapporter, d'après cet auteur, ce qui a donné lieu de connaître ses vertus médicinales, et de l'employer à la guérison des malades.

Un homme de quarante ans, avait, depuis sa quinzième année, une éruption cutanée des plus violentes, contre laquelle il avait épuisé tous les secours de l'art et toutes les vaines promesses des empyriques. Au lieu de guérir son mal, il allait en augmentant avec une rapidité étonnante. L'éruption non—seulement s'étendit de plus en plus, mais les tégumens de ses jambes s'épaissirent, et les articulations se tuméfièrent au point de l'empêcher de marcher. Il se détacha de ces parties, du son et des croûtes brunes, quelquefois en si grande quantité, qu'on aurait pu les ramasser à poignée.

On lui conseilla de prendre tous les matins à jeun une cuillerée de jus de panais aquatique, mêlée avec deux cuillerées de vin blanc. La personne qui lui donna ce conseil, lui apporta elle-même un demi-septier de la prise du jus de panais. Le malade en prit, mais il fut attaqué de vertiges, de mal de tête, de malaise, de vomissement, de sueurs froides et d'un *rigor*, dont la durée fit craindre pour lui. Malgré les accidens fâcheux que la première dose avait occasionnés, le désir de guérir fut si vif, que le malade ayant laissé un jour d'intervalle, en prit une seconde dose qui eut les mêmes suites, à l'exception du *rigor* qui ne dura pas si long-temps. Il se décida donc de diminuer la portion de chaque prise ; et ayant continué ce remède pendant deux mois., il se trouva presque parfaitement guéri. Il faut remarquer que ce médicament ne l'a point purgé, quoiqu'il cause, même pris en moindre dose, des vertiges, des nausées, un certain mal-aise, qui ne cessaient qu'après que le malade avait vomi. Lorsqu'il fut guéri, il abandonna l'usage du jus, et se contenta de prendre encore pendant quelque temps, une infusion théiforme des feuilles de ce végétal ; cette infusion n'excita ni nausées, ni malaise, mais un léger vertige. La seule évacuation sensible qui s'ensuivit, fut une évacuation plus abondante d'urine, chargée d'un sédiment abondant.

Les recherches que Pultenay a faites pour découvrir quel pouvait être ce remède, l'ont convaincu que c'était le suc de la racine d'*œnanthe crocata*. Comme cette plante est très-dangereuse, il ne faut s'en servir qu'avec beaucoup de précaution.

Observation de Machy, apothicaire à Paris, sur l'huile de Palma Christi.

ENTRE les plantes vénéneuses ou excessivement purgatives, on distingue la classe des ricins, dont on peut admettre au moins trois espèces, le *Palma Christi*, le petit ricin ou tilli, et le tilli noir.

Ces plantes reconnaissables à leur tige creuse, à leurs feuilles très-larges, digitées profondément, et d'un verd noirâtre, et sur-tout à l'aspect triste que portent, en général, avec elles toutes les plantes dangereuses : ces plantes, dis-je, portent un épi qui n'est que trop abondant en graines ; tantôt brunes, tantôt marquetées, tantôt lisses et tantôt chagrines à leur surface, enveloppées d'une coque épineuse, et connue sous le nom de *faux café* à cause de la ressemblance de graines de tilli, de pignons d'inde. Les premiers voyageurs observèrent que l'huile, dont abondent ces graines, était puante, âcre, mais bonne à manger.

Les missionnaires qui furent aussi les premiers observateurs de médecine et d'histoire naturelle, remarquèrent dans ces nouvelles contrées, que cette huile cautérisait ; que les graines en substance purgeaient violemment, et que les insulaires s'en servaient pour chasser la fièvre. Leurs observations n'ont pas manqué d'être copiées et plus ou moins adroitement interprétées par tous ceux qui ont eu occasion de parler des pignons d'inde. On apprit ensuite que les Indiens se purgeaient avec cette huile, qu'on ne croyait propre qu'à la lampe, et on conjectura que les pignons ou amandes de *Palma Christi* contenaient deux huiles, une âcre et corrosive, et l'autre douce et purgative : d'autres supposaient que les Indiens préparaient leur huile de différentes façons, selon sa destination : enfin, chacun fit des conjectures, dont les conséquences intéressaient peu, parce qu'il était généralement reconnu que si le pignon d'inde, tel qu'il fût, était un purgatif, il était le plus équivoque et le plus dangereux des médicamens de ce genre, et l'aspect de cette graine l'a reléguée avec la graine de l'epurge, pour être la ressource des indigens et des charlatans.

Vers le commencement du siècle dernier, un certain Rotrou fit grand bruit par des absorbans, des alkalis, des fondans et des pâtes alexiteres et purgatives qu'il distribuait. Ses pâtes purgatives étaient les pignons d'inde, privés de leur huile, et exposés assez long-temps à l'air, pour donner occasion au peu d'huile restante de se réunir, ou de s'évaporer, par la décomposition, de tout ce qui la constitue.

J'ai eu occasion, dit Machy, de préparer cette huile, il y a bien vingt ans, et j'observai non-seulement que les pignons d'Inde donnent beaucoup d'huile, puisque la demi-livre de cette graine diminue de plus de cinq onces durant sa préparation ; mais encore que cette huile est d'une âcrimonie telle que les émanations insensibles qui s'échappèrent durant son expression, causèrent aux mains et au visage une démangeaison insupportable, et même une cuisson, qui ressemblait à l'impression d'une vapeur brûlante. Plusieurs endroits de mon visage, que j'avais touchés durant le travail, furent érésipélateux, et ne guérirent qu'après la destruction de l'épiderme. Cette huile, ainsi exprimée, est épaisse, d'un jaune foncé, impossible à savourer, se congelant difficilement ; et lorsqu'on la brûle avec une mèche, elle donne une flamme sombre, répand beaucoup de fumée, avec une odeur détestable ; et laisse fa-

cilement un champignon épais, elle se convertit aisément en savon.

Ce n'est pas certainement une pareille huile qu'on
a introduite dans le commerce, sous le nom de
Palma Christi; car il ne faut pas s'y méprendre,
la connaissance de cette huile nous est venue par les
négocians qui, sachant l'usage qu'en faisaient les
nègres, et que tout est bon, quand il vient de loin,
en rapportèrent d'abord par curiosité, et ensuite par
intérêt, dès qu'ils en eurent le débit.

Voici comme se prépare l'huile de *Palma Christi,*
chez les Caraïbes, qui paraissent être les premiers
sauvages qui s'en soient servis comme purgatif. On
recueille la graine du *Palma Christi* vers le mois de
novembre; pour lors les coques épineuses qui enve-
loppent chaque graine, sont entr'ouvertes, et on n'a
la peine que de secouer la plante, ou si on a coupé la
tige, de la frotter légèrement pour séparer le pignon
d'Inde; on l'écrase avec des pierres, ou dans un
pilon de pierre destiné uniquement à cet usage : on
la met ensuite avec de l'eau bouillir dans une vaste
chaudière; et lorsqu'elle a bien bouilli, on trouve,
sur l'eau, une huile surnageante, qu'on retire
avec des coquilles ou quelques ustensiles équi-
valens, pour la remettre dans un autre vase; et,
après l'avoir bien battue avec de l'eau, on la laisse
s'épurer. On la distribue ensuite dans des bouteilles
carrées, qui contiennent une livre et demie ou deux
livres de cette huile, qui doit être transparente,
d'un jaune doré, moins foncé que l'huile d'olive,
filant très-peu à la manière du vernis, et d'une saveur très-légèrement âcre. On la donne aux nègres
depuis une jusqu'à quatre cuillerées, c'est-à-dire,
depuis une demi-once jusqu'à deux onces. Je tiens
ces détails d'une personne qui en avait préparé pendant plus de six ans; elle m'ajouta que cette huile en
rouissant blanchissait, devenait plus ou moins purgative; ensuite qu'il lui est arrivé de n'être pas
purgé avec quatre onces de cette huile.

Elle m'a dit aussi que les personnes qui en font des

envois étaient sujettes à y joindre d'autres huiles,
pour allonger la véritable huile de *Palma Christi*.

J'ai vu beaucoup de ces huiles, et j'ai en effet reconnu qu'elles variaient en couleur et en âcrimonie ;
que les blanches ou les moins colorées étaient toujours
les moins purgatives ; et ayant sacrifié quatre onces
de cette huile, dont j'étais sûr, pour avoir purgé violemment un nègre avec deux onces, je la fis bouillir
jusqu'à douze fois dans six onces d'eau, que je re-
nouvelai chaque fois. Je remarquai que mon eau
était toujours teinte, que mon huile se décolorait ;
et, après les douze ébullitions, cette huile était très-
douce, à peine âcre, et on pouvait avaler les quatre
onces, sans avoir la plus légère déjection.

Je suis entré dans ces détails, dit Machy,
pour prouver que l'huile de *Palma Christi* est un
objet de commerce étranger, un remède incertain,
dont le nom n'enrichira jamais la liste des médicamens vraiment utiles, puisqu'il dépend de tel ou tel
artiste de la préparer dans les îles avec plus ou moins
de soin, avec des grains plus ou moins mûrs, dans
plus ou moins d'eau, et que toutes ces différences
entrent pour beaucoup dans son efficacité ; que la
vétusté et les travaux ultérieurs peuvent enfin la
priver de toute vertu purgative.

Cependant, malgré toutes les réflexions de
Machy, on a renouvelé, sur la fin du siècle dernier, l'usage de cette huile ; MM. Coste et Villemette l'ont fait entrer dans leur nouvelle matière
médicale végétale. Nous en dirons un mot dans notre
Opuscule sur les plantes vomitives et purgatives.

FIN.

NOTICE DES OUVRAGES.

LISTE *des OUVRAGES nouveaux, économiques de J. P. BUCHOZ, publiés aux frais de Madame BUCHOZ, et qui se trouvent chez elle, à l'adresse rapportée ci-devant.*

1.º Mémoires sur le Blé de Smyrne, autrement Blé d'abondance, sur celui de Turquie, le grand Millet d'Afrique et la Pohetbe d'Abyssinie, toutes plantes alimentaires pour l'homme, et dont on ne saurait trop étendre la culture, par la fecondité qu'elles répandent partout.

2.º Observations aux Amateurs et aux Jardiniers fleuristes, sur quatre genres d'Arbustes (l'*Azalée*, le *Clétra*, le *Kalmia* et la *Rhododendron*), qui méritent d'être cultivés dans leurs jardins, tant par la beauté de leurs feuillages, que par l'éclat de leurs fleurs, et qui, faute d'être suffisamment connus, y sont totalement négligés. On a joint à ces Observations une notice sur la *Châtaigne d'eau* ; sur ses propriétés médicinales et alimentaires ; seconde édition, exactement corrigée et augmentée.

3.º Traitemens efficaces des convulsions et affections vaporeuses, par la décoction et la poudre de feuilles d'oranger ; du Scorbut et autres maladies de pareille nature, par les bourgeons de pins, de sapins, l'eau de goudron et le trèfle aquatique ; des maladies vénériennes, par différentes espèces de végétaux ; de la rage, par le vinaigre ordinaire, et de la manie, par le vinaigre distillé ; des hémorrhagies et des chûtes, par l'arnica, l'herbe à Robert, ou le geranium à squinancie ; de l'hydropisie, par une clairette purgative ; de la gale, par la dentelaire ; des croûtes laiteuses et autres, par la violette-pensée.

4.º Guérisons expérimentées des vers, même du solitaire, par le *Spigelia* surnommé *Anthelmia*, l'œillet d'Inde, le *Semen contra*, la cevadille, la coraline *Lemitcocherton* et autres plantes ; de la pierre, de la gravelle et de la colique néphretique, par l'acmelle, la doradille, la bousserole, le cresson de roche ; des maladies de la peau, par la douce-amère, l'orme pyramidal ; du cancer, du charbon et de la gangrène, par l'illécébra ; des ulcères par les carottes, et de l'épanchement de lait, par la bruyère. On y a joint une liste d'espèces theiformes propres à guérir plusieurs maladies.

5.º Mémoires sur la manière de former les prairies naturelles et de rétablir les anciennes ; sur les prairies artificielles, sédentaires et ambulantes de la *Luzerne*, du *Trèfle*, du *Sainfoin* et du *Sulla*, espèce de *Sainfoin d'Espagne*, auxquels on a joint une *Dissertation sur l'Ortie griêche*, sur ses propriétés pour nourrir les bestiaux, sur la filasse qu'on en peut tirer, sur l'emploi qu'on en peut faire pour la teinture, sur les avantages qu'elle nous procure pour la médecine humaine et vétérinaire; principalement contre la gangrène, enfin sur l'utilité de sa culture pour l'économie rurale.

6.º Méthode pour traiter les différentes maladies, même les plus rebelles, telle que la phtysie pulmonaire, par l'usage des fumigations humides et végétales, l'asthme même le plus invétéré, par une infusion expérimentée des plantes; les maladies de matrice par les fumigations sèches; l'incontinence d'urine par une tisane astringente; les plaies, ulcères et blessures, par une eau vulnéraire très-simple, sans être composée, seconde édition, revue et augmentée d'une liste de plantes indigènes qui peuvent remplacer les étrangéres.

7.º Memoires sur la mélaleuque, remarquable par la singularité et la beauté de ses fleurs; sur le prix exhorbitant auquel certains jardiniers fleuristes l'ont portée; sur l'*Ixora*, l'ornement des temples des idoles; le *Camara* distingué par l'agrément de ses fleurs, qui se succèdent les unes aux autres; la *Fusche*, arbrisseau récemment cultivé en France, et la *Calycanthe*, espèce d'anemone aussi en arbrisseau; avec des détails intéressans sur leur culture.

8.º Moyens de rendre fécondes les femmes stériles, par l'usage du suc et des beignets de clandestine; de réparer les forces épuisées dans les maladies de langueur, par le sagou et le salep; de guérir les mouvemens spasmodiques, les convulsions, l'épilepsie; même le tetanos par les fleurs de narcisse er de cresson des prés; la pleurésie par le polygala; la phtisie, le marasme et la fièvre mésentérique, par le capillaire; les rhumatismes et la goutte, par le moxa des Chinois et le remède des Caraibés; la jaunisse, par le petit bouillon blanc; les hémorrhagies, par l'Agaric de chêne; auxquels on a joint un remède expérimenté de famille pour guérir l'épilepsie, et des observations sur l'arnica, plante très-usitée en Allemague, et regardée comme une panacée dans plusieurs maladies.

9.º Histoire naturelle du thé de la Chine, ds ses différentes pèces, de sa récolte, de ses préparations, de sa culture en Europe, de l'usage qu'on en fait, comme boisson, chez différens peuples, principalement en Angleterre; de ses bons et mauvais effets, de ses propriétés en médecine, dans les cas d'indigestion et de transpiration supprimées, à laquelle on a joint un mémoire snr le thé du Paraguay, de Labrador, des Iles, du Cap du Mexique, d'Oswego, de la Martinique, du Japon, sur différentes plantes de l'Europe propres à le remplacer, et des notices sur le cachou, le ginseng et l'huile de capajut.

10.º L'art de connaître et de désigner le pouls par les notes de la musique, de guérir par son moyen la méancolie et le tarentisme, accompagné de 98 observations, tirées tant de l'histoire que des Annales de la médecine, qui constatent l'efficacité de la musique, non-seulement sur le corps, mais sur l'âme, dans l'état de santé ainsi que dans celui de maladie; ouvrage curieux, utile et intéressant; pro.

pre à inspirer de l'amour et du goût pour cet art, qui est pour nous un vrai présent des cieux.

11°. Dissertations sur le cèdre du Liban, le platane et le cytise, arbres très intéressans, et qui méritent d'être cultivés en France, non-seulement par leur port majestueux et par leur décoration dans nos forêts; mais encore par les avantages réels qu'ils nous procurent pour l'agriculture et les arts, leur culture étant d'ailleurs très-facile; seconde édition, revue, corrigée et augmentée d'autres dissertations non-moins intéressantes et agréables, qui traitent d'arbres aussi utiles; tels que le mélèze, le cyprès, l'arbre de vie, le noyer du Japon et l'*Halesia*, dont la culture ne peut être assez recommandée dans l'Empire Français.

12.° Mémoires vétérinaires sur la manière de réduire les fractures des jambes des chevaux et autres grands quadrupèdes; sur les maladies épizootiques des bestiaux, sur la clavelée des brebis, semblable en tout à la petite vérole des hommes, sur les avantages de conserver les bêtes à laine en plein air pendant l'hiver; sur les moyens à employer pour engraisser les bœufs, les moutons, les veaux et les cochons; sur la propagation en France de l'*Ouistiti* et du *Perroquet*. Ouvrage de première nécessité pour l'économie champêtre.

13.° Réflexions sur le genre de *Robinier*, sur ses différentes espèces, leurs descriptions génériques et spécifiques, leur culture, et principalement sur celle du faux acacia, de l'arbre aux pois et du robinier rose, espèces les plus remarquables de ce genre, tant par la beauté de leurs feuillages, l'éclat de leurs fleurs, que par les avantages infinis qu'on en peut tirer dans l'économie champêtre et les arts et métiers, troisième édition, revue, corrigée et augmentée du sophora du Japon, et de l'acacia de Constantinople, arbres nouveaux et infiniment précieux par leurs ports majestueux et par la beauté de leurs feuilles et fleurs.

14.° Mémoires sur le lin de Sibérie, plante vivace, infiniment supérieure par ses qualités au lin ordinaire; sur le chanvre et sur la manière de rendre sa filasse semblable au plus beau lin; sur l'apocin et différentes autres plantes propres à faire des étoffes, des chapeaux, etc.; sur les plantes avec lesquelles on prépare de la filasse et on fabrique du papier; sur la méthode de le faire, notamment le papier de la Chine et du Japon; sur celles propres à remplacer le tan, et enfin sur le kali et autres plantes maritimes dont on peut tirer la soude; sur l'utilité de leur culture, de même que sur le varec, ses propriétés pour la médecine, la fixation des couleurs et les engrais.

15.° Mémoires sur l'hortensia, le cestreau, avec l'histoire de l'ipó, la lagestroëm, la fothergille, la phlomide queue de lion, la camelli ou rose du Japon, l'aucuba, le péragu nommé improprement *Clerodendron*, la catmentine, la portlande et la chirone, remarquables les unes et les autres par la beauté et l'éclat de leurs fleurs; cinquième édition, revue, corrigée et augmentée de notices sur le *Laurier-Tin*, la *Rose* de Gueldres, l'*Anis étoilé* et la *Verveine* en arbre et à odeur, avec quelques observations sur une lettre qui a paru au sujet de l'*Hortensia*.

16.° Histoire naturelle de la Taupe, ses espèces et ses variétés, les dégâts qu'elle occasionne dans les prairies et les jardins, avec tous les moyens donnés jusqu'à ce jour, tant simples que composés, pour parvenir à sa destruction ; accompagnée de ses propriétés médicinales et économiques. On a joint une notice sur la Taupe-Grillon, espèce d'insecte qui a beaucoup de rapports avec la Taupe, quoiqu'elle soit d'une classe différente, sur les dégâts qu'elle occasionne dans les jardins, et sur la manière de la détruire ; et quelques réflexions sur la Musaraigne, propres à remplir l'intervalle qui se trouve entre le Rat et la Taupe.

17.° Dissertation sur le sorbier domestique, sur sa culture, la majesté de son port, la beauté de ses feuillages, sur ses charmans bouquets de fleurs, sur ses fruits semblables à de petites poires colorées, très bonnes à manger, lors de leur maturité, et propres à faire du cidre, quand on en a abondamment, sur son utilité en menuiserie, sur son bois, qui s'employe en vis, en écrou et en instrumens de mathématiques, et sur le sorbier des oiseleurs, qui ne lui cède pas pour l'éclat de ses fleurs et de ses fruits, propres à faire de belles avenues, servant de nourriture aux grives, et par conséquent méritant une place dans les remises, et sur la viorne, dont le plus grand usage est pour faire des hartz. Seconde édition, revue corrigée, et augmentée d'une Dissertation sur le bouleau, ses différentes espèces, principalement sur celui de Laponie; et sur l'aune, qui en est aussi une espèce, qui croit merveilleusement dans les endroits fangeux et humides.

18. Remèdes éprouvés avec succès contre la Teigne, le Scorbut, les Vers, même le solitaire; les Fleurs blanches des femmes, les pâles Couleurs, l'inflammation des yeux, connue sous le nom d'Ophtalmie, le Mal de tête idiopathique, ou la Céphalalgie, les Maladies vénériennes, la stérilité, les hernies, avec un moyen pour purifier la masse du sang, et pour se purger très bien, en faisant usage d'une poudre de peu de valeur ; on y a joint une consultation demandée pour le traitement d'un Epileptique.

19°. Notice sur la stramoine en arbre, DATURA ARBOREA, arbre du Pérou, qui se cultive depuis peu en France, et qui plaît, tant par ses fleurs gigantesques, que par le parfum qu'elles repandent. Seconde édition, augmentée de plusieurs autres Notices sur des arbrisseaux non moins intéressans, tels que la Cobée grimpante, nouvelle plante, propre à décorer les serres ; le Grevie intéressant par la beauté de ses fleurs ; le Diosma, propre à tenir un des premiers rangs dans la famille des arbrisseaux d'ornement; l'Arbre de neige, Chionanthus, propre à décorer les bosquets du printemps ; le Catalpa commun, un des plus beaux ornemens des jardins par ses feuiles et ses fleurs ; l'Adhatoda, la Carmentine peinte et la Scarlatine, arbrisseaux fort recherchés par leur beauté ; l'Azedarach, aussi facile à cultiver qu'il est beau, et enfin sur le Lilas, le Laurier-Rose, le Grenadier : le Syringa, le Myrte et le Romarin, arbrisseaux, qui, quoique suffisamment connus, ne méritent pas moins d'occuper une place dans nos jardins à fleurs.

2°. C'est l'Opuscule dout il s'agit ici.